荔林水乡幸福长

变害为利造福人民的木兰溪实践

中国水利报社
福建省莆田市河长制办公室 编著

·北京·

图书在版编目（CIP）数据

荔林水乡幸福长 / 中国水利报社，福建省莆田市河长制办公室编著. -- 北京 : 中国水利水电出版社，2024. 8. --（变害为利造福人民的木兰溪实践）.
ISBN 978-7-5226-2317-7

Ⅰ. TV882.857.3

中国国家版本馆CIP数据核字第2024KZ3419号

书　　名	变害为利造福人民的木兰溪实践① ——荔林水乡幸福长 BIANHAI WEILI ZAOFU RENMIN DE MULAN XI SHIJIAN①——LILIN SHUIXIANG XINGFU CHANG
作　　者	中国水利报社　福建省莆田市河长制办公室　编著
出版发行	中国水利水电出版社 （北京市海淀区玉渊潭南路1号D座　100038） 网址：www.waterpub.com.cn E-mail：sales@mwr.gov.cn 电话：（010）68545888（营销中心）
经　　售	北京科水图书销售有限公司 电话：（010）68545874、63202643 全国各地新华书店和相关出版物销售网点
排　　版	中国水利水电出版社微机排版中心
印　　刷	北京印匠彩色印刷有限公司
规　　格	170mm×240mm　16开本　28.75印张（总）　442千字（总）
版　　次	2024年8月第1版　2024年8月第1次印刷
印　　数	0001—1200册
总 定 价	**188.00**元（共两册）

凡购买我社图书，如有缺页、倒页、脱页的，本社营销中心负责调换

丛 书 编 委 会

本 书 编 委 会

前言

水是生存之本，文明之源。

全面推行河湖长制，是以习近平同志为核心的党中央从生态文明建设和经济社会发展全局出发作出的重大决策，是促进河湖治理保护的重大制度创新，是维护河湖健康生命、保障国家水安全的重要制度保障。

莆田市水系发达，河网密布，共有市县乡河道451条，总长2069千米。其中，木兰溪全长105千米，流域面积1732平方千米，是莆田人民的“母亲河”。曾经，木兰溪水患频发，老百姓谈溪色变。1999年，时任福建省委副书记、代省长的习近平提出：“要变害为利、造福人民”，并决定彻底根治木兰溪水患。25年来，莆田市坚持不懈治水，一张蓝图绘到底，一任接着一任干，木兰溪实现华丽蝶变，被评价为“新中国水利史上‘变害为利、造福人民’的生动实践”“建设美丽中国的生动范本”“生态文明的木兰溪样本”。

2014年起，莆田市开始实施河长制，2017年全面推行河长制，全市各级各相关部门以河长制、河长日为抓手，以木兰溪全流域系统治理统揽生态文明建设，以建设造福人民的幸福河湖为目标，打造人与自然和谐共生的生态河、智慧河、幸福河，让群众悦享家门口的“诗和远方”。2017年，木兰溪获评首届全国十大“最美家乡河”；2022年，莆田市河湖长制工作因推进力度大、成效明显，获国务院督查激励。

2024年是习近平总书记“3·14”重要讲话发表10周年，也是习近平总书记亲自擘画推动木兰溪治理25周年。当前，莆田市正在全面贯彻落实党的二十大精神和党的二十届三中全会精神，秉承习近平总书记治理木兰溪的重要理念，以木兰溪综合治理为总抓手，推进幸福河湖建设，引领全域绿色高质量发展。

为记录莆田木兰溪治理和幸福河湖建设取得的显著成效，献礼木兰溪治理25周年，中国水利报社与莆田市河长制办公室共同编写了本套丛书。丛书共分为两册，分别为《荔林水乡幸福长》和《壶山兰水话幸福》。《荔林水乡幸福长》精选汇编莆田市及各县、区（管委会）河湖长制工作典型案例；《壶山兰水话幸福》精选汇编莆田市幸福河湖征文优秀作品。希望通过本丛书，与大家共同见证木兰溪“变害为利、造福人民”的历史进程，共同见证一条河流、一个流域、一座城市在中国共产党领导下的沧桑巨变。

编委会

2024年8月

目录

前言

第一章　系　统　治　理

一张蓝图绘到底　绿色发展惠民生
——木兰溪生态文明建设实践（一）…… 2
一张蓝图绘到底　绿色发展惠民生
——木兰溪生态文明建设实践（二）…… 15
水生态文明建设的“莆田路径”
——木兰溪治理的探索与实践 …… 27
变害为利　造福人民
——莆田市推进木兰溪全流域系统治理 …… 32
木兰溪流域综合治理生态范本 …… 38
全域综合治水的荔城模式 …… 43
仙游县打好“五水共治”组合拳 …… 51
“河长制＋”涵江路径 …… 58
河湖管护“四字经”秀屿样本 …… 63
海岛治水莆田范本…… 67

第二章　党　建　引　领

“党建＋河长制”莆田模式 …… 72

河长制党支部仙游样板 …… 77
“党建＋河长制”写就“源头水文章” …… 83
“基层党建＋河长制”的城厢实践 …… 89

第三章　履　职　尽　责

莆田市首创“河长日”品牌 …… 94
河长制办公室规范运转莆田模式 …… 98
数字化赋能河湖监管“莆田样板” …… 103
“数智治水”木兰溪实践 …… 108

第四章　幸　福　河　湖

莆田市以木兰溪创建示范河湖引领幸福河湖建设 …… 114
新发展阶段建设幸福木兰溪的探索与实践 …… 121
“六化”促“四有”　河湖长制莆田路径 …… 131
强化河湖长制　建设幸福木兰 …… 136
生态产品价值实现的木兰溪实践 …… 142
莆田市创新木兰溪管护“五十”模式 …… 146
涵江区“四个抓手”打造幸福河湖 …… 151
幸福河建设萩芦溪实践 …… 158
北岸创新打造多功能组合潮汐式湿地 …… 166
东圳水库创新“6643”幸福湖治理体系 …… 171

第五章　机　制　创　新

绿色信贷木兰溪模式 …… 180
法治护航幸福河湖莆田路径 …… 184

多域跨界协同管河莆田实践 …………………………………………… 191
人大代表监督河湖长制工作莆田样本 ………………………………… 196
“委员河长制”莆田范本 …………………………………………… 203
“河湖长制＋网络”莆田实践 ……………………………………… 208
“水系连通”秀屿路径 ……………………………………………… 213

第六章　司　法　协　作

莆田法院首创“多元修复、立体保护”流域司法新模式 ……………… 218
“河长＋检察长”仙游样本 ………………………………………… 222
“三长共治”引领水韵涵江 ………………………………………… 226
涵江区法院打造司法守护木兰溪新样本 ……………………………… 230
“警察蓝”守护“生态绿”涵江模式 ……………………………… 238

第七章　公　众　参　与

莆田市“153”工作法激发“巾帼情”护水新活力 ………………… 244
公众参与河湖管护的“北岸经验” ………………………………… 250
莆田学院“红绿蓝”三色交融绘就幸福木兰画卷 ………………… 256
湄洲湾职业技术学院“三色河小禹”生态文明实践 ………………… 261

第八章　基　层　管　护

河道专管员队伍建设仙游实践 ……………………………………… 268
河道专管员涵江模式 ………………………………………………… 274

第一章　系统治理

一张蓝图绘到底　绿色发展惠民生

——木兰溪生态文明建设实践（一）

【摘　要】 福建省莆田市木兰溪治理，是习近平总书记亲自擘画、全程推动治水和生态保护工作的先行探索，他在福建工作时就针对木兰溪治理提出了“变害为利、造福人民”的目标和“既要治理好水患，也要注重生态保护；既要实现水安全，也要实现综合治理”的总体要求。1999 年至今的 20 余年间，历届莆田市委、市政府始终贯彻落实习近平同志要求，坚持“一张蓝图绘到底”的精神和全流域系统治理的方法，从攻克技术、资金和拆迁等难题建设木兰溪下游防洪工程开始，逐步走向全流域防洪、生态、文化的统筹兼顾，实现了从“水患之河”到“安全之河”的华丽转身，继而向“生态之河”挺进，成为推动当地经济腾飞的“发展之河”，莆田市也成为“全国水生态文明建设试点城市”，打造出全国生态文明建设的木兰溪样本。

木兰溪治理是“变害为利、造福人民”的生动实践，为加强流域水资源节约、水生态保护修复、水环境治理、水灾害防治以及全面推进生态文明建设提供了借鉴，为坚持绿色发展理念和久久为功、系统治理的思想提供了经验，为建设美丽中国提供了生动范本。

【关键词】 绿色发展　水安全　全流域系统治理

【引　言】 2018 年 5 月 18 日，习近平总书记在全国生态环境保护大会上强调，生态环境问题归根结底是发展方式和生活方式的问题，要从根本上解决生态环境问题，必须贯彻创新、协调、绿色、开放、共享的发展理念，加快形成节约资源和保护环境的空间格局、产业结构、生产方式、生活方式，把经济活动、人的行为限制在自然资源和生态环境能够承受的限度内，给自然生态留下休养生息的时间和空间。

一、背景情况

水可兴万利，亦可成大患。莆田市“母亲河”木兰溪，发源于戴云山脉，流域面积 $1732km^2$，干流全长 105km，一路东流入海，哺育着莆田大地。木兰溪弯多流急，下游河段防洪能力不足，且软基河道多为淤泥，治理难度很大，洪水一直未被驯服。据 1952—1990 年近 40 年资料统计，木兰溪平均每 10 年发生一次大洪水，每 4 年发生一次中等洪水，小灾几乎年年有，屡伤群众。彻底根治木兰溪水患，一直是莆田人民的夙愿。

1999 年第 14 号台风过境，木兰溪洪水暴涨，莆田受淹面积 45 万亩，近 3 万名群众被迫转移，2 万名学生停课。时任福建省委副书记、代省长的习近平同志赶赴莆田指导救灾时强调：是考虑彻底根治木兰溪水患的时候了！1999 年 12 月 27 日，他亲临木兰溪下游防洪工程一期试验段现场，参加义务劳动，为工程开工奠基，拉开了木兰溪治理的序幕。

从此，莆田市委、市政府牢记习近平同志“变害为利、造福人民”的嘱托，逐一克服软基筑堤、裁弯取直、征地拆迁、资金短缺等一系列难题，接续推进木兰溪治理。至 2011 年 6 月，下游防洪治理工程全面完成，共整治河道 15.54km，新建堤防 28.03km，新改扩建水闸 18 座，累计投资 16.76 亿元，防洪标准达到 50 年一遇，结束了莆田城区不设防历史。从此，木兰溪洪水归槽，未再造成重大洪涝灾害，下游 21.5 万亩兴化平原、70 多个行政村和近百万人口不再受水患困扰。

水患治好了，如何管好水、用好水，实现经济社会发展和生态环境保护的统一，是考验莆田的长远问题。一方面，木兰溪流域水生态问题凸显与人民群众对优美生态环境的向往存在矛盾。特别是流域内南北洋水系和东圳水库尤为严重，主要体现在污水排放量大但处理率低（仅 83.5%），垃圾收集处理体系不够完备，农药化肥过量使用、畜禽养殖污染一度较为严重，等等。另一方面，生态空间与经济用地存在矛盾。莆田是福建省人口密度最高的城市，用占全省 1/40 的土地养育了全省 1/10 的人口，人与河、经济发展与生态保护争地的现象曾经十分普遍，尤其是主城区南北洋水系纵横密布，侵占河道、争占生态空间的现象较为突出。

为了保护生态环境，推进绿色发展，莆田市以钉钉子的精神，一锤接着一锤敲，一任接着一任干，坚持“一张蓝图绘到底”的精神和全流域系统治理的方法，从攻坚克难建设木兰溪下游防洪工程开始，一步步走向全流域防洪、生态、文化的综合治理，历经20年不忘初心的坚守和奋斗，实现了从“水患之河”到“安全之河”的华丽转身，继而向“生态之河”挺进，成为推动当地经济腾飞的“发展之河”，莆田市也创建成为“全国节水型社会建设试点城市”“全国水生态文明建设试点城市”，打造了生态文明建设的全国样本。

二、主要做法

2000年，习近平同志提出了生态省建设的战略构想——“通过以建设生态省为载体，转变经济增长方式，提高资源综合利用率，维护生态良性循环，保障生态安全，努力开创‘生产发展、生活富裕、生态良好的文明发展道路’，把美好家园奉献给人民群众，把青山绿水留给子孙后代”。党的十八大以来，以习近平同志为核心的党中央把生态文明建设纳入“五位一体”总体布局，推动生态环境保护发生历史性、转折性、全局性的变化。木兰溪的治理之路，正是习近平生态文明思想在莆田的生动实践。

（一）系统治理，从单一防洪走向全方位生态建设保护

2014年，习近平总书记就保障国家水安全发表重要讲话，提出了“节水优先、空间均衡、系统治理、两手发力”的治水思路和“山水林田湖草是一个生命共同体”的重要论断。莆田市因地制宜，坚持安全生态相结合、控源活水相结合、景观文化相结合，开启了木兰溪全流域系统治理新征程。

1. 治理理念从注重防洪到“三位一体”综合治理

木兰溪治理始于下游防洪工程建设，但其治理目标绝不仅限于防洪。早在2012年，莆田就已按照“防洪保安、生态治理、文化景观”三位一体的理念推进木兰溪全流域系统治理。

一是防洪保安。推进木兰溪干流全线防洪工程全面闭合，加上兴化湾、平海湾、湄洲湾防洪排涝工程建设，县级以上城区防洪已100%达标。

二是生态治理。改良修复过度硬化的河床河滩河岸，维护河床天然

舟行碧波（马莉　摄）

形态，恢复滩地河沙覆盖植被，保留古树、古桥、古民居、古码头，建设安全生态水系500多km，打造错落有致的河道环境；实施水系连通、截污收污、清淤清障、生态引水等，推进下游399条内河与木兰溪互连互通，打造源清流洁的水域环境。完善65km²生态绿心保护体系，保护荔枝林6000亩，建成荔枝林景观带11条，形成“城市绿肺”，水面率达15%以上。2017年，生态绿心保护修复项目荣获“中国人居环境范例奖”。

三是文化景观。建设生态亲水设施，保留河道乡愁野趣，保护历史遗迹，沿溪建设多样化绿道323km，配套城市休闲景观，建设木兰陂、兰溪等十大公园，挖掘复原南北洋河网人文历史，打造了人文荟萃的滨水景观。以河道水域为纽带，串联淡水湖景与人文景观，水脉、地脉、文脉“三脉汇流”，建成木兰溪生态文明、东圳事迹等水文化教育基地，打造了木兰溪水文化景观。

2. 治理方式从注重治水到山水林田湖草全面施治

在木兰溪治理过程中，习近平同志强调一定要“科学治水”，“既要治理好水患，也要注重生态保护；既要实现水安全，也要实现综合治

鸟瞰玉湖（林国贤　摄）

理”。莆田市将这一要求首先用于解决河道“裁弯取直”难题。坚持“改道不改水”，最大限度保留原始水面，形成城市内湖，湖心水域面积超过700亩。“裁弯取直”后的旧河道，如今成了人工“玉湖”，周边规划面积6768亩，崛起了一片集人居、商业、文娱、公共服务等于一体的新城。

2014年，莆田又开始以东圳水库水环境综合治理为代表，统筹山水林田湖草，在全流域构筑四道生态防线：一是在流域上游坡度较大的山地200km^{2}内，设置第一道生态保护防线，强化封山育林，改造林分林相，治理水土流失；出台“饮用水源地保护区＋生态流域”的双重生态补偿办法，开展重点生态区位商品林赎买省级试点，在全省首次创立生态公益林市级补偿机制。二是在100km^{2}内，设置第二道生态治理防线，通过全流域入村进田治污，重点解决流域内53个村的垃圾、污水等点源污染和农田果园的农肥农药等面源污染问题，生态综合整治入库河流比例超过70%；开展污水零直排试点，因地制宜建设高标准乡村小型污水处理设施。三是在沿河环库周边21km内，设置第三道生态修复防线，实施搬迁工程，641户村民20万m^{2}的房屋全部搬迁；实施退果还林、退田还草1.2万亩，建设生态库滨带。四是在解决水污染的前提下，设置了第四道生态法治防线，颁布实施《莆田市东圳库区水环境保护条例》，维护河湖健康生命。通过三年行动，东圳水库水质已从过去的Ⅲ类提高至稳定的Ⅱ类优质水标准。

3. 治理范围从注重下游到上下游干支流全域统筹

治水需要岸上水下协同、上下游左右岸统筹。进入新时代，木兰溪治理从下游延伸至上游、从一溪两岸拓展到全流域。

一是从下游走向上游。选择下游作为先手棋，狠抓木兰溪防洪减灾。2011年下游防洪堤闭合后，105km干流全线动工，两岸75km河岸也纳入木兰溪综合走廊及景观工程建设，覆盖了70%以上河段，让木兰溪全线“高颜值在线”。

二是从干流走向支流。在干流治理的同时，665km南北洋水系治理进入全新阶段，“断头河”“瓶颈河”全面打通拓宽，易涝点逐年治理销号。福建省安全生态水系建设、小流域治理、水系连通等现场会先后在莆田召开，为全省树立了观摩样板。

三是从水域走向陆域。水污染，问题在河里，根子在岸上。莆田按照“水岸协同、属地管理”的原则，以“企业承包、政府监督”的方式，创新城乡环卫一体化保洁机制，将环境管护的“大扫把”交给专业机构，实现路面与河面统一保洁。此外，通过入河排污口管治、畜禽养殖整治、生活污水处理等措施，减少点源面源污染，管好“岸上的事”，确保“河里岸上齐抓共管”。

（二）和谐共生，生态保护与经济发展相得益彰

生态兴则文明兴。莆田始终坚持新发展理念，始终坚持生态优先，按照生态系统的整体性、系统性和内在规律，整体施策、多措并举，推进木兰溪流域生态保护与修复，做到产业生态化、生态产业化，实现人水和谐共生、产城融合高质量发展。

1. 坚持空间管控，构建生态走廊

一是划定水生态空间，编制了《莆田市城乡水系及蓝线规划》，在河道两岸划出100m宽的绿化带和河流恢复自然坡岸的空间，留足两岸1km生态控制线，东圳水库将汇水区域全部划入保护区，构建环河湖生态缓冲带；加强建筑控制线管理，实施木兰溪及干流两岸建筑退距工程，推进城市拥溪、跨溪、沿溪发展。

二是强化水生态保护，上游封山育林，设立源头自然保护区，面积27万亩，保护水系、森林、动植物等生态系统，森林覆盖率高达73%，2018年获评国家森林城市；中游退耕还林、退田还草，保证清水下山、净水入库；下游保护荔枝林和生态绿心，系统修复河口和湿地。流域内全面禁止新建水电站、石材加工、矿山开采等项目；工业园区外严禁审批工业企业项目，沿岸食品加工等污水排放企业逐步退出或搬迁；将木兰溪干流两岸1km和汇水支流两岸500m划为“禁养区”，养殖场全部取缔，土地全部复垦或转型成苗圃等第三产业用地。

2. 坚持以水定城，优化产业布局

一是强化节水型社会建设。开展水资源消耗总量和强度双控行动，优化配置水资源，统筹考虑流域生态用水，注重工业节水减耗、生活节水减排、城市节水降损，推动企业利用厂际循环用水等高新节水技术。2013年，莆田市获评全国节水型社会建设示范区。

二是限制高耗水项目落地企业进驻。主动淘汰一批投资大、税收高但高耗水项目。

三是推动经济结构向绿色低碳转型。出台《关于莆田市重点产业投入和产出控制指标的意见》，创新性加入了环保、能耗等产业准入条件，推动产业布局和经济结构加速向绿色低碳转型，重点构建电子信息、鞋业、工艺美术等6个千亿产业和高端装备等4个500亿产业，构建LNG冷能梯级利用等循环经济产业链。

3. 坚持借水兴业，打造经济高地

一是拓展城市空间。依托木兰溪系统治理，连片推进莆阳新城、木兰陂片区等重点区域开发，开启了城市沿溪跨溪、东拓南进的新阶段，建成区面积从1999年的28km^{2}扩至现在的93.5km^2。同时规划了兴化湾南岸、仙港等一批工业园，全市园区面积从1999年的19.39km^{2}拓展到现在的170km^2。

二是保障经济发展。沿岸水患“洼地”如今成为经济发展“高地”。上游仙游县获评“世界中式古典家具之都”。下游城厢区、荔城区，原是水患频发地，现在鞋服产业蒸蒸日上。2018年，莆田地区生产总值达2242亿元，比1999年增长7倍多，人均生产总值增加近3万元。

三是助推乡村振兴。依托木兰溪系统治理产生的文化、景观效益，建成九鲤湖等13个省级以上水利风景区，挖掘樟龙溪等河道周边乡村旅游资源，推动生态效益变成广大群众看得见、摸得着的福利。

九鲤湖（蔡昊　摄）

（三）传承创新，推动形成生态文明建设长效管理体系

木兰溪能够从“水忧患”走向“水安全”，继而迈向“水生态”，推动“水经济”协调发展，归根结底在于莆田历任决策者清晰地认识到治理木兰溪是一项功在当代、利在千秋的民心工程，必须坚持久久为功的思想，在继承中创新，在创新中接力，积小胜为大胜，建立生态文明建设的长效机制和管理体制，才能真正实现河畅、水清、岸绿、景美的奋斗目标。

1. 一张蓝图绘到底

历届莆田市委、市政府牢记习近平同志“变害为利、造福人民”嘱托和“既要治理好水患，也要注重生态保护；既要实现水安全，也要实现综合治理”的指示，牢固树立“功成不必在我”的政绩观，20余年传承接力，从成立木兰溪下游防洪工程建设领导小组至今，先后6任市委书记都任领导小组组长，市长任指挥部总指挥，坚持“一张蓝图绘到底，一任接着一任干”的战略定力。在木兰溪防洪工程建设攻坚时期，市委书记、市长坚持每半月轮流到项目一线，了解项目建设进展情况，研究解决项目推进过程中遇到的问题和困难。从1999年开始，莆田市委、市政府相继出台了16份文件，平均每任书记、市长任上出台2份以上。目前，正在制定《木兰溪流域保护条例》《城市生态绿心保护条例》，进一步维护木兰溪的健康生命。

2. 深化河长制

实行流域双河长，县乡党政主官担任木兰溪第一河长，亲自督导问题河道；实行河长日，将每个月20日设为河长日，规范河长常态化履职；建立河长综合管理平台，利用巡河移动客户端、“电子河长”等，推进河务监管网格化、信息化；企业河长认养河道，做到“政企共治”；设立民间河长基金，成立乡愁河长、校园河长等350支民间护河力量，为河湖安上“扫描仪”“千里眼”。中央文明办、水利部2018年在木兰溪畔启动“关爱山川河流·保护乡村河道”志愿服务暨公益宣传活动，对莆田给予肯定。创新定期通报、公开曝光、有奖举报、服务外包、严肃问责五项工作机制，在莆田电视台《新闻联播》开设“河道曝光台”，设立有奖举报百万奖金池。市委开展木兰溪系统治理专项巡察，市监委对有关问题

发出监察建议书，纪检组同步监管，组织部常到一线考核，压紧压实河长责任部门职责。开展河湖库“清四乱”等专项行动，严厉打击无证排污、超标排污、偷排漏排等违法行为。

企业河长活动日（陈顺妹　摄）

3. 探索生态补偿机制

2017 年出台《莆田市木兰溪流域生态补偿办法》，探索从社会、市场筹集资金，建立生态基金，形成多元化的生态补偿模式。生态补偿资金按照上年度市财政总收入的 3‰计，由市级财政和下游区财政共同筹措，主要按照水质达标考核进行分配，鼓励上游地区保护生态和治理环境，为下游地区提供优质的水资源。据统计，近年来莆田市每年为上游地区仙游县筹集 6000 万元左右生态补偿金，用于集中防治水污染，清理小、散、乱、污主体，统一处置污水排放，使木兰溪上游和东圳水库水质常年保持在Ⅲ类水以上。

4. 建立“执法+司法”生态保护机制

（1）立法保障。市人大常委会拟订木兰溪流域水安全、绿心保护等条例，保障流域水源地等水质稳定。

（2）司法衔接。同步设立公检法河长制工作站，成立流域环境保护警务队，征收生态修复保证金，督促开展补植复绿 217 亩。

（3）执法联动。公检法、农林水、生态环境等部门联合执法，打造“快速立案、快速审查、快速审判”涉河涉水犯罪案件办理模式。

5. 实行生态文明考核机制

出台《莆田市生态文明建设目标评价考核办法》，建立相关评价考核体系，每年一评价、五年一考核；推行党政领导干部自然资源资产离任审计制度，探索出行之有效的自然资源资产审计办法，有效推动矿山开采等自然资源扰动地生态恢复。

6. 创新投融资机制

木兰溪系统治理的过程，是一个资金持续投入的过程。为此，莆田市整合了水利、生态环境、住建等部门的经营性资产，2012 年重组了一个总资产百亿元的水务集团，覆盖源水、水源保护、调水、供水、自来水、中水回用等全产业链，提升水资源利用效率，推动产业生态化、生态产业化；围绕乡村振兴，打破行政区划限制与城乡二元供水格局，整合国有、民营水厂，建设大水厂、大管网，提供水量水质水压可靠的供水，基本实现了从水源地到水龙头、从供水到水处理的涉水事务一体化管理；2015 年出台了《关于推广政府和社会资本合作（PPP）模式的指导意见》，探索公私合营的木兰溪流域水环境综合治理 PPP＋水质考核模式，缓解了污水收集处理设施建设等资金压力。同时，出台了资金保障政策，允许“将木兰溪治理后纵深 2km 土地出让收益，提取 10%继续专用于木兰溪全流域综合治理”，要求“玉湖片区内市财政土地收入的 80%必须用于玉湖新城改造建设，且专项使用、封闭运行”。

（四）党建引领，汇聚木兰溪治理持久力量

莆田坚持把加强党的全面领导作为根本政治保证，发挥党的政治优势和组织优势，发动各级党组织和广大党员干部，汇聚起全市上下治理木兰溪的热情和力量，把习近平总书记当年擘画的木兰溪治理蓝图逐步转化为现实。

1. 夯实组织战斗堡垒

木兰溪治理伊始，莆田就以项目为单位，创建了“党支部＋指挥部，推进项目加速度”模式，每个项目都成立临时党支部。临时支部围绕项目攻坚的每个节点和难点，组建征地拆迁等党小组、党员先锋队、突击队，引导党员主动承担最复杂最繁重的任务，以木兰溪治理成效检验广大党员的初心使命。目前，全市共在项目一线成立临时党支部 135 个、党

小组 212 个，在美丽莆田建设中发挥了主心骨作用。

2. 发动党员攻坚克难

探索建立重大项目干部力量保障机制，集结优秀党员干部参战木兰溪治理等项目，仅近三年就选派了 3000 多名机关党员干部。他们积极践行习近平同志在闽工作时倡导的“四下基层”工作法（信访接待下基层、现场办公下基层、调查研究下基层、宣传党的方针政策下基层），坚持领导赴“前线”、干部下“一线”、党员上“火线”，开展驻村夜访、争先创优等活动，带头爬坡过岭，示范带领广大群众积极投工投劳、主动参与木兰溪治理。

3. 激励干部担当作为

坚持正向激励与反向约束相结合。在木兰溪治理过程中，建立了“一线考核”“巡回蹲点考核”等机制，推行“典型工作法”，开展了“十佳护河使者”“十佳担当作为好干部”等先进典型评选活动，对表现优秀、敢于担当的干部给予提拔重用，激励广大干部见贤思齐、奋发作为。同时，对工作不力、作风漂浮的干部，给予调整处理。

三、经验启示

党的十九大报告指出，建设生态文明是中华民族永续发展的千年大计。必须树立和践行绿水青山就是金山银山的理念，坚持节约资源和保护环境的基本国策，像对待生命一样对待生态环境，统筹山水林田湖草系统治理，实行最严格的生态环境保护制度，形成绿色发展方式和生活方式，坚定走生产发展、生活富裕、生态良好的文明发展道路，建设美丽中国，为人民创造良好生产生活环境。木兰溪一系列生态文明建设实践，之所以能够取得今天的成效，归根结底是积极践行习近平总书记“绿水青山就是金山银山”的理念，始终坚持生态保护、绿色发展的道路不动摇，深入贯彻习近平总书记“节水优先、空间均衡、系统治理、两手发力”治水思路的结果。

（一）习近平生态文明思想是指导绿色发展实践的根本遵循

正确处理好生态环境保护和经济社会发展关系是实现可持续发展的内在要求，也是推进我国各项现代化建设的重大原则。绿水青山既是自然财富、生态财富，又是社会财富、经济财富，绿水青山就是金山银山是经过正反两方面历史经验教训而得到的正确论断。莆田市在习近平生态文明思想指引下，充分发挥党组织的政治引领作用，把广大党员干部和社会各界群众充分调动起来，不忘初心、接续奋斗，全域系统治理木兰溪，实现了“变害为利、造福人民”的目标。实践证明，保护生态就是保护生产力，建设和改善生态环境就是在发展生产力，就是在改善民生、推动社会进步。

（二）全面系统治理是推进绿色发展实践的科学道路

生态文明建设要立足山水林田湖草沙这一生命共同体，突破就水治水的片面性，统筹考虑上下游、左右岸、水上水下、山上山下等，寻求科学正确的治理修复之道和保护办法。治理过程中既要考虑防洪治理，又要考虑生态保护；既要考虑水利设施安全适用，又要考虑和谐景观；既要考虑经济发展，又要考虑民生需求。只有结合实际进行整体保护、宏观管控、综合治理，全方位、全地域、全过程地开展生态文明建设，才能达到经济发展与生态保护的平衡统一，才能真正实现美丽中国的目标。

（三）创新体制机制是助推绿色发展实践的重要保障

木兰溪系统治理取得的每一次进步、生态保护的每一项成果、高质量经济的每一年发展，都离不开精准科学的施策与体制机制的创新。河长管河模式的创新、打造安全生态水系的创新、搭建综合执法平台的创新以及生态补偿机制的突破、水资源资产化的新路、水源地保护共同执法等，都需要通过创新打破原有的束缚和既定的框框，以生态保护的思想作引领，以健全细致的考核奖惩机制为推手，推动思想立人、机制促人、制度管人、考核催人，才能将各项绿色协调发展的规划思路和责任目标落到实处。

（四）两手发力是推动绿色发展实践的有效途径

莆田在全国水生态文明城市试点建设中，就充分发挥了政府、市场两只手的力量，并在木兰溪治理中产生了良好效果。

一是党委、政府高位推动。建立“党委领导、政府主抓、部门联动、社会参与”的工作体系，市长亲任创建工作领导小组、水资源管理委员会主任，市县党政主官挂帅出征，落实最严格水资源管理制度，实现了对社会水循环取、用、排三大环节的全过程管理，有效统筹了河道生态用水与河道外经济用水、水资源总量约束与绿色用水方式、水环境承载能力与经济社会排污之间的关系。

二是市场配置资源。发挥市场机制作用构建水务产业一体化格局，提升水源调度、城乡供水保障和污水处理能力，从源头促进节水、保障供水、治理污水。多渠道筹措资金，加大生态保护补偿的投入力度。

（五）为民情怀是驱动绿色发展实践的精神力量

莆田广大干部群众对“以人民为中心”的发展思想感受最深刻，受益也最直接。正是在习近平总书记为民情怀的感召和引领下，莆田各级领导干部牢固树立“全心全意为人民服务”宗旨意识，秉持“人民对美好生活的向往就是我们的奋斗目标”思想观念，坚持以保障和改善民生为重点，从解决群众最关切的热点难点问题入手，加大民生事业投入，即使遇到再大的困难和阻力，都不放弃对木兰溪的连续治理和对生态环境改善保护的坚守，持续为人民群众办好事、做实事、解难事。这种为民情怀的接力传承，不仅为实现绿色发展目标提供了源源不断的推力，赢得了广大群众的热烈拥护，更成为莆田各级党员干部担当奉献、敢作会为的强大精神内核。

（本案例摘选自《贯彻落实习近平新时代中国特色社会主义思想　在改革发展稳定中攻坚克难案例·生态文明建设》，党建读物出版社，2019：291－306）

一张蓝图绘到底　绿色发展惠民生

——木兰溪生态文明建设实践（二）

【摘　要】 福建省莆田市木兰溪治理，是习近平同志亲自擘画、全程推动治水工作的先行探索。从1999年至今的20多年来，木兰溪的综合治理不仅要克服裁弯取直、软基筑堤、居民拆迁、资金筹措等具体的治理难题，更要面对水污染防治、水环境保护、水生态修复与经济社会协调发展等长远问题。历任莆田市委、市政府始终坚持“一张蓝图绘到底”的精神和全流域系统治理的方法，逐步走向全流域防洪、生态、文化的统筹兼顾，实现了从“水患之河”到“安全之河”的华丽转身，继而向“生态之河”挺进，成为推动当地经济腾飞的“发展之河”。莆田市也成为“全国水生态文明建设试点城市”，打造出全国生态文明的木兰溪样本。木兰溪治理的主要经验包括：一是坚持为民情怀；二是坚持科学决策；三是坚持久久为功。

【关键词】 木兰溪　生态文明　系统治理　绿色发展

【引　言】 2018年5月18日，习近平总书记在全国生态环境保护大会上强调：“绿水青山就是金山银山，贯彻创新、协调、绿色、开放、共享的发展理念，加快形成节约资源和保护环境的空间格局、产业结构、生产方式、生活方式，给自然生态留下休养生息的时间和空间。”“山水林田湖草是生命共同体，要统筹兼顾、整体施策、多措并举，全方位、全地域、全过程开展生态文明建设。”

木兰溪发源于福建戴云山脉，自西北向东南流经莆田市全境，干流全长105km，流域面积1732km^2，是福建省六大重要河流之一，被当地老百姓称为“母亲河”。下游所处的南北洋平原，是福建四大平原之一，人口稠密，村镇相连。由于地势平坦低洼，洪、涝、潮灾害时有发生，严重威胁群众生命财产安全。

治理木兰溪在莆田有着悠久的历史，并留下了许多可歌可泣的动人故事。始建于宋代的木兰陂，展示了古人治水的探索和智慧，是至今仍在发挥效益的世界灌溉工程遗产。1999年至今20多年的木兰溪治理，折射出习近平同志治水理念的发展与成熟，让木兰溪走过了水患之河、安全之河、生态之河、发展之河的历史性嬗变。

三大问题制约和谐之路

莆田的发展、人民的幸福，离不开木兰溪的变害为利、造福人民，而要实现人水和谐的目标，防洪安全、生态修复、发展与保护的平衡协调是无法回避的三大问题。

首当其冲的是防洪保安的问题。

木兰溪流域雨量充沛，水位季节变化大，因其流程短，且河道弯曲、断面狭窄，只要上游暴雨，下游的南北洋平原就水流漫滩，引发洪涝灾害，故有“雨下仙游东西乡、水淹莆田南北洋”的民谣。1999年10月17日，时任福建省委副书记、代省长的习近平同志赶赴莆田指导救灾时语气凝重地指出：“是考虑彻底根治木兰溪水患的时候了！”

但是，木兰溪防洪治理自20世纪50年代开始启动，40年间历经五次规划、二度上马、一次可研，最终仍然未能系统完整付诸实施。究其原因，主要在于：

工程技术难。木兰溪下游弯多流急，需实施“裁弯取直”，将长达16km的行洪河道裁掉近一半，这在全国还没有成功先例可借鉴。而且，木兰溪地表土层最深的淤泥有13m，含水量高达70%，在这种地质条件下构筑堤坝，如同“在豆腐上筑堤”，难度可想而知。

资金筹措难。据测算，仅“裁弯取直”工程，就要投入上亿元资金。对于防洪工程投入，更多的声音是希望把财政资金用在灾民生活的救助和家园的恢复上，不同意见也给当时的政府很大压力，影响了决策。

征地拆迁难。实施“裁弯取直”需开挖新河道3.18km，征地3221亩，拆迁14.33万m^2，涉及两岸4个镇6209人。大规模征迁，不仅要转变群众安土重迁的观念——祖屋不宜拆、田地舍不得，还要解决群众对安置问题的重重疑虑——老房子拆了人怎么安置、新房建在哪里、在哪里过渡，等等。

其次是生态保护与修复的问题。

“大水缸”东圳水库受污染。该水库位于木兰溪最大支流延寿溪中游，是一座多年调节大型水库，也是莆田市最大的饮用水源地，供水区域覆盖17个乡镇250多个行政村，受益150多万人，被誉为莆田人民的“生命库”。但受长期洪水冲刷、库区内畜禽养殖、大规模枇杷种植以及周边乡镇生活生产垃圾、污水排放等影响，水库富营养化现象突出，2000年后水质从Ⅱ类降至Ⅲ类、Ⅳ类，一度出现重金属锰超标和蓝藻暴发危险。

南北洋河网受破坏。木兰溪下游南北洋平原是莆田水系最为发达、物产最为富饶的区域。区内河网密集，共有大小沟渠400多条，总长665km，水面面积近3万亩，既是莆田主要的粮食和经济作物高产区，又是各类企业的聚集地，集中了全市约47.6%的工农业、64.4%的乡镇企业产值。随着经济和城市的发展，南北洋河网水生态问题一度十分突出：河床淤高，河道缩窄，许多河道成为断头河、无尾沟；河面垃圾成堆，个别河段甚至出现“垃圾岛”；河道污水横流，“游泳池”变“污水塘”，水质长年为Ⅴ类，部分河段水质为劣Ⅴ类。

水资源承载力受考验。莆田市多年平均水资源量34.66亿m^3，人均1070m^3，不足全国人均的1/2、福建省的1/3，属水资源紧缺地区。水资源时空分布不均，与区域经济发展水平、生产力布局存在矛盾，开发利用难度大。随着湄洲湾、兴化湾、滨海新区建设和临港工业的兴起，经济社会总需水量持续增长，水资源供需矛盾进一步加剧，成为沿海城镇带及“三湾”地区跨越式发展、宜居港城建设的主要制约因素。

再次是发展与保护平衡协调的问题。

用地之争。莆田是福建人口密度最高的城市，用福建省1/40的土地养育了1/10的人口，人与河争地、经济发展与生态保护空间的争地现象曾十分普遍。

经费投入之争。莆田经济体量小，财政收入有限，个别县区甚至陷入保开门与促发展的两难困境，面临着把有限的资金是用于生态保护还是推动经济建设的艰难抉择。

系统治理破解平衡之难

1999年，第14号台风过境，木兰溪洪水暴涨，莆田受淹45万亩，近3万群众被迫转移，2万学生停课。正是这次洪灾的沉痛教训，让莆田市委、市政府下决心按照习近平同志“变害为利、造福人民”的嘱托，拉开了木兰溪防洪治理的序幕。

一、防洪保安，夯实生态文明建设和经济社会发展基石

面对“豆腐上筑堤”和软土抗冲刷等工程技术问题，习近平同志曾四次亲临木兰溪现场调研，多次了解并实地检查治理方案和技术准备。当时，福建省水电厅专家委员会为木兰溪治理设计了一套“裁弯取直、两岸筑堤”施工技术方案，但有关部门及市里专家意见没有统一，莆田市难以定夺，当面向习近平同志汇报了技术方案争议情况。习近平同志指出，到底如何决策，还要听取水利专家的意见。

1999年4月，全国水力学与水工水力学学术讨论会在福州举行，习近平同志邀请水利专家领题，帮忙攻克软基筑堤这一难关，并在南京水利科学研究院建立起国内首个“软基河道筑堤”物理模型，组织中国科学院、中国水利水电科学研究院、水利部长江水利委员会、南京水利科学研究院、河海大学等单位的权威专家，共同论证木兰溪下游防洪一期工程技术方案。通过多次河工物理模型试验验证模型的可行性，试验通过了。但习近平同志仍持慎重、细致的态度，决定先搞一段施工试验段。经过反复研讨、论证、试验，终于在2000年探索出破解“裁弯取直”“软基筑堤”“河道防冲刷”等难题的“良方”。

技术难题的破解为莆田干部群众注入一剂强心剂，但随后的资金和征迁问题再次成为工程进度的“拦路虎”。庞大的防洪工程，系统治理需要几十亿资金，而1999年莆田全市财政收入才10亿元，自身财力显然无法承受。习近平同志根据实际情况，指导莆田市采取分期分阶段渐进治理，能够马上治理的要及时治理，不能马上治理的制定长远目标，很大程度上缓解了资金压力。

莆田市通过积极争取国家发改委、水利部等国家部委的支持，将木兰溪列入福建省“五江一溪”防洪工程，获得中央预算内资金补助11.73亿元。福建省还特别批准，“允许将木兰溪治理后纵深2km土地出让收益，提取10%专项用于木兰溪全流域综合治理”。莆田市财政也从全市每

年土地收入中拿出一定比例用于木兰溪治理。通过上下各方的努力，木兰溪治理资金难题得到有效解决。

木兰溪防洪工程征迁工作伊始，不仅老百姓不理解不支持，就是一些党员干部也瞻前顾后。一位村主任林某某，也是当年的城厢区人大代表，对工程推进很积极："我们一直盼着木兰溪治理工程开工，可盼来盼去还是没盼到。这届人大代表也快到点了，再不呼吁就没机会了，所以我就找了周边同是低洼村的11个代表，一起署名后提交了上去。"但真到了木兰溪治理工程开工的节骨眼，这些代表却打起了退堂鼓，为什么呢？

下黄村地处"裁弯取直"后的"新挖河道"上，6个自然村中有3个涉及征迁，其中黄厝自然村要全部征迁，最终的方案是由隔壁的吴墩自然村划出土地，全面接收。林某某的家就在吴墩——"原本就人多地少，我家才1亩多，要挤出4分多，还有3分多在裁弯的地方成了孤岛不能用。"像林某某这样的干部，面对被征迁的情况尚且犹豫，那么对祖祖辈辈生活在木兰溪边上、依靠农业生产为生的普通农民来说，拆迁谈何容易？

1999年12月27日，习近平同志将当年全省冬春水利建设的义务劳动现场安排在木兰溪，与当地干部群众、驻军官兵6000多人一道劳动。"听说省长要根治木兰溪水患，发动大家劳动，全村一下子沸腾起来了，都是一路小跑着赶到现场干活的。"回忆起那天的场景，张镇村原支部书记何某某仍然激动万分。习近平同志身体力行、示范带动，深深感染了全市广大干部群众。莆田市委、市政府因势利导，引导广大群众把习近平同志的亲切关怀，转化为配合征迁、主动征迁、和谐征迁的动力。

对涉迁群众的安置房，莆田市从百姓角度出发，坚持高起点规划、设计、建设，坚持工程推进到哪里，道路交通、排水管网、污水处理配套设施就跟进到哪里，不让群众因搬迁而吃亏。原来一些溪畔的旧村庄改天换地，从建制村变成社区，一跃成为高档居住小区和综合商务区。许多群众看了之后，纷纷感叹道："安置房比我们的老房子不知道要好多少倍，不搬迁才亏呢！"

莆田市积极践行习近平同志在福建工作时倡导的“四下基层”工作法[1]，开展住村夜访等活动，注重发挥基层党组织的战斗堡垒作用，组织镇村干部与征迁户同吃同住同劳动，真正把工作做到家，通过讲大局讲意义，赢得他们的理解和配合；征迁工作不但提前完成任务，还凝聚了党心民心，整个征迁过程没有收到一封信访件、没有出现一个上访户，为以后的生态文明建设打下了良好基础。

二、生态优先，从根治水患走向山水林田湖草系统治理

固本清源，一片水系归自然。木兰溪干流在仙游县境内长 65km，占全长的 61.9%。仙游北部 7 个乡镇是上游支流的集中区，保护好北部生态，对提升木兰溪水质至关重要。2012 年 12 月，木兰溪源省级自然保护区成立，总面积 27 万亩，包含 4 个乡镇 20 个建制村。保护森林生态系统及珍稀濒危野生动植物资源，是保护区的主要任务。据仙西村村主任介绍，该村共有生态林 16426 亩，2013 年起，保护区内的生态林每亩给予 3 元的补助。2017 年仙游县再给予林权所有者每亩 22.75 元的补助，2018 年提至 23.75 元，有力地提高了群众保护林木的积极性。

仙游县还通过“四不三转一补偿”（即不发展工业，不发展畜禽养殖，不乱砍滥伐，不乱占地建房；引导由畜禽养殖业向发展林下经济转变，由自己种植向土地流转、规模种植转变，由从事农业向发展生态旅游、外出打工创业转变；每年安排一笔资金用于生态补偿），减少污染排放，实现了区域内木兰溪水功能区 100%达标。比如，仙游县生猪规模化养殖比重较大，年出栏量 30 万头左右，划定畜禽养殖可养区后，养殖范围已从 325 个村庄减至 53 个，全部远离水功能区和饮用水源地。传统养殖业的逐步退出，既保护了上游生态，也给生态农业和生态旅游业腾出了发展空间。

四道防线，一库清水惠民生。为了确保百万人民的饮水安全，2014 年，莆田市启动了东圳水库水环境综合治理工程，将库区内的山水林田

---

[1] “四下基层”工作法，指领导干部“信访接待下基层、现场办公下基层、调查研究下基层、宣传党的方针政策下基层”。这是习近平同志 1988 年在福建宁德工作时大力倡导的。

东圳水库（蔡昊　摄）

湖草以及人为活动作为整体，统筹构筑四道防线。一是在流域上游坡度较大的山地 200km² 内，设置第一道生态保护防线，封山育林，优化林分，治理水土流失；出台“饮用水源保护区＋生态流域”的双重生态补偿办法，开展重点生态区位商品林赎买省级试点，在福建省首家创立生态公益林市、县两级补偿机制。二是在 100km² 内设置第二道生态治理防线，通过全流域入村进田治污，重点解决流域内 53 个村的生产生活污染问题；开展污水零直排试点，因地制宜建设高标准乡村小型污水处理设施。三是在沿河环库周边 21km 内，设置第三道生态修复防线，实施搬迁工程和退果还林、退田还草，建设生态库滨带。四是颁布实施《东圳库区水环境保护条例》，形成第四道生态法治防线。

通过 3 年统筹山水林田湖草、构筑四道防线的综合治理行动，东圳水库水质已从过去的Ⅲ类、Ⅳ类稳定至Ⅱ类，一级保护区林地征用基本到位，征用林（果）地约 1.2 万亩，完成退果还林、封山育林 8232 亩，建设生态林 1.84 万亩。东圳水库系统治理的经验已逐步推广到木兰溪全流域。

三位一体，一条长廊增福祉。木兰溪治理始于下游防洪工程建设，但治理目标绝不仅限于防洪。2012 年，莆田市就开始按照“防洪保安、生态治理、文化景观”三位一体的理念，推进木兰溪治理从下游走向上游，进而走向全流域系统治理，以河道水域为纽带，串联淡水湖景与人文景观，清水脉，融地脉，铸文脉，“三脉”汇流，让木兰溪生态文明建设全线提升。

2013 年 7 月，木兰溪防洪工程仙榜段动工建设，总投资约 5.9 亿元，建设堤线 31.90km。工程布局为“一轴两带三区”，即以木兰溪为轴，形成木兰溪两岸人文及自然生态景观带，打造生态休闲、工艺文化和滨水生态区，并统筹考虑慢道绿网及美化、亮化等配套工程。木兰溪下游的莆田城区，也正在将莆田人文、治水文化、生态堤景、运动休闲等元素结合起来，先后建成了木兰溪城区景观试验段、木兰陂景观提升、左岸绿道等工程，正在推进玉湖新城段堤岸生态修复提升工程。经常在此休闲的市民们说，木兰溪沿线风景如画，空气清新，深感木兰溪治理的不易，作为莆田人更应珍惜木兰溪治理效果，保护母亲河生态环境。

全域治理，一批湿地养生态。有常年流水、有清澈水体、有护岸林带、有野趣乡愁、有安全河岸、有自然河态、有丰富生物、有管护机制——这“八有”是福建万里安全生态水系建设的指导思想。莆田市按照这一标准，用生态的理念、系统的方法，采取水系连通、截污收污、清淤清障、生态引水等综合措施，推进南北洋 399 条水系与木兰溪互连互通，建成安全生态水系 500 多 km，修复了白塘湖，建成了土海湿地公园，完善了 $65km^2$ 生态绿心保护体系，保护荔枝林 6000 亩，建成荔枝林景观带 12 条，形成“城市绿肺”，水面率达 15%以上。2017 年，莆田生态绿心保护修复项目荣获“中国人居环境范例奖”。

土海公园（蔡昊　摄）

南北洋水系纵横交错于城厢、荔城、秀屿和涵江 4 个区 16 个乡镇，如若区域协同缺位、利益分歧严重、部门条块分割，就会陷入九龙治水的困境。为破解这个难题，莆田市将南北洋水系作为一个整体，2013年就制定了综合治理方案，通过全域规划、协同治理，初步实现了“河库连通、源清水动、滨水绿廊”的治河目标。一方面是区域协同，另一方面是水岸协同，贯穿的是部门协同。荔城区是莆田市土地面积最小、水系密度最高的县区，主要河道32条393.2km，约占南北洋河道总长的60%。该区以福建省首批综合治水试验县建设为契机，统筹各类涉河涉水资金，充分利用社会资本，加快水岸协同治理、管护、发展，两年共争取上级补助资金1.16亿元，带动市区配套资金34.19亿元、贷款3.5亿元、其他涉水资金10.91亿元，资金倍增效应高达41.85倍；现已建立了全流域水岸协同社会化保洁机制，如今成为福建省“全域治水、综合管护”的典型示范区域。

南北洋水系综合治理的关键在于治污。涵江区白塘湖在治理排污口方面为全市提供了借鉴。一是上堵下排，先去湿再清淤，比较彻底地清掉淤泥、排查排污口，先后排查出水面、水下以及隐藏在淤泥中的入河排污口3361个。二是先堵后清，发现的排污口一律封堵，倒逼违法排污的企业或个人自己找上门。他们根据实际情况，分类处置，或直接接入，或改造后接入污水管网，现已妥善处置入河排污口2353个。三是第三方排查，查到一个排污口奖励100元，漏掉一个排污口倒扣50元。四是两岸“河长”互查，漏掉的在河长制考评中予以扣分。如今，治理后的福建最大淡水湖白塘湖已是莆田生态绿心里的一张名片，其净美风光让人流连忘返。

长效机制，一定之规护好水。2014年，莆田市开始在木兰溪推行河长制。2017年中央全面推行河长制后，莆田市加大了河长制工作创新力度，创设了木兰溪流域党政主官双河长，创立了河长日，推出了企业河长，创建了民间河长基金，创新了定期通报、公开曝光、有奖举报、服务外包、严肃问责五项工作机制，开启了河长牵头抓总、全民参与护河的管河模式。

人给河出路，河才能给人以生路。莆田在综合治理过程中就给木兰溪的生态空间立下了“规矩”，在河道两岸划出100m宽的绿化带和河流恢复自然坡岸的空间，两岸留足1km生态控制线；东圳水库将汇水区域全部划入保护区，构建环河湖生态缓冲带；木兰溪及干流两岸实施建筑退距工程。建立了生态补偿、生态保护、生态文明考核等机制，出台了《木兰溪流域生态补偿办法》，由市级财政和下游区财政共同筹措补偿基金，按照上年度市财政总收入的3‰依水质分配，鼓励上游地区保护生态治理环境，为下游地区提供优质水。

没有规矩，不成方圆。莆田市在工程治理的同时，用法律给木兰溪设立了另一道保障，相继出台了木兰溪流域水安全、绿心保护等条例，同步设立公检法河长制工作站，成立流域环境保护警务队，开展部门联合执法，从严从快依法查处案件800余件；出台《莆田市生态文明目标评价考核办法》，建立相关评价考核体系，每年一评价、五年一考核。

一线工作法是莆田治理木兰溪的又一创新做法，即该市党的组织部门坚持组织体系在一线建强、党员干部在一线集结、矛盾问题在一线解决、决策部署在一线落实、担当作为在一线考察、能力素质在一线提升，抽调优秀党员干部参战木兰溪治理等项目，既培养锻炼干部，又加快工程建设。同时，配套建立了“一线考核”“巡回蹲点考核”等机制，推行“典型工作法”，开展“十佳护河使者”等评选活动，激励广大干部见贤思齐、奋发作为。坚持正向激励与反向约束相结合，对在木兰溪治理中表现优秀、敢于担当的干部，给予提拔重用；对工作不力、作风漂浮的干部，给予调整处理。2019年，木兰溪沿岸一个镇因排污防治不力，镇党委书记受到党内警告处分，镇长就地免职，起到问责一个、教育一片、警示一批的震慑效应。

三、绿色发展，找准生态保护与经济发展的平衡点

经济的增长，产业的聚集，是否必定会带来资源的争夺、生态的破坏和环境的污染？莆田市的回答是，只要坚持绿色发展，在发展中“有所为有所不为”，找好生态保护与经济发展的平衡点，就能避免走先发展后治理的老路，有效推动两者的协调共赢。

有所为有所不为，守住绿色发展底线。坚持“有所为”，出台政策支持鼓励绿色产业聚集，支持企业履行社会责任，积极参与木兰溪治理。仙游县位于木兰溪中上游，保护生态和发展经济的压力都很大，其榜头

镇、度尾镇都是人口大镇，也是传统特色产业重镇，民间艺人多，企业小而散，曾因生产生活污水直排，严重影响木兰溪水质。为了实现生态治理和传统特色产业双赢，仙游县先后规划建设了博览城、油画城、石艺城、坝下一条街以及海峡艺雕城等产业平台，引导企业进园。同时，围绕产业、生态、文化、旅游等加快特色小镇建设，做到污水全部纳入管网、垃圾统一集中处理，不仅没有因为产业发展影响木兰溪生态保护，还因为生态环境的改善，吸引了更多文化产业入驻，产值由 2000 年的 2 亿元提高到 2017 年的 380 亿元，其“仙作”流派的高端家具占据了全国市场的 75%，仙游县也因此获得了“世界中式古典家具之都”的美誉。

坚持“有所不为”，不上超过水资源环境承载能力的项目，限制畜禽养殖等一些产污相对较多的产业，工业园区外严禁审批工业企业项目。林浆纸一体化项目是莆田市原本打算引进的外资项目，该项目总投资 260 亿元，建设年产 100 万 t 阔叶木漂白硫酸盐浆、25 万 t 机械浆、25 万 t 脱墨浆和 100 万 t 高档文化纸，配套建设 150 万亩原料林基地；建成后年产值预计超百亿、年税收 30 亿元。该项目谋划了十年之久，几年前连可研都批了。但每日用水量达 40 万 t、排污量达 35 万 t，而莆田市全市的日用水量不过六七十万 t，日污水处理能力才 30 多万 t。考虑到水资源环境承载力，莆田市毅然放弃了这个“诱人”的项目。

以水定城，优化空间布局，强化水资源刚性约束。水资源是生态文明建设中的关键要素，水资源承载力是生态承载力的重要量尺。莆田市坚持量水发展、以水定产、以水定城，在有限的水资源中注重工业节水减耗、生活节水减排、城市节水降损，统筹考虑生态用水，推进全民节水行动，把水资源作为前置刚性约束条件，重视水资源、水生态、水环境承载力，调整产业结构，控制城市发展规模，确定空间布局。

20 多年间，莆田人牢记习近平同志“变害为利、造福人民”的嘱托，改变了曾经的观念，纠正了错误行为，在小心谨慎却又创新探索中处理发展与保护的关系。莆田人始终保持着对自然的敬畏之心，始终胸怀着对木兰溪生命的尊重之情，坚持“一张蓝图绘到底，绿色发展惠民生”的理念，保持战略定力，坚持高质量发展，探索生态文明建设之路。

木兰溪是莆田人的母亲河，与莆田人同呼吸、共命运。在她的怀抱里，莆田人白天快乐劳作，晚上安然入眠，这是木兰溪和大自然对莆田人更持久、更深沉的回馈。

（本案例摘选自《贯彻落实习近平新时代中国特色社会主义思想　在改革发展稳定中攻坚克难案例·生态文明建设》，党建读物出版社，2019：265－280）

水生态文明建设的“莆田路径”

——木兰溪治理的探索与实践

【摘　要】 木兰溪作为福建省重要河流，历经丰枯不均、洪旱急转的水情及严重污染挑战。在习近平总书记的亲自擘画和莆田市委、市政府的长期努力下，通过顶层规划、系统治理、长效机制和绿色发展四项核心策略，木兰溪实现从“水患之河”到“安全之河”“生态之河”再到“发展之河”的转变。治理成效显著，水质提升，生态修复，水资源配置优化，管理体系健全，成为全国水生态文明城市的典范。木兰溪治理经验对南方沿海城市全流域系统治水具有借鉴意义。

【关键词】 木兰溪　生态文明　建设路径

【引　言】 木兰溪，莆田市的母亲河，以其独特的地理条件和复杂的水情特征，曾长期遭受洪涝灾害和水质污染的困扰。然而，在习近平总书记的关怀下，莆田市委、市政府坚定决心，从顶层规划入手，构建严密的法规体系；通过系统治理，全面提升水质，修复生态环境；健全长效管护机制，保障治理成效持续巩固。同时，深入贯彻绿色发展理念，推动木兰溪成为区域经济社会发展的强劲动力。如今的木兰溪，已成为水清、岸绿、景美的生态廊道，是全国水生态文明城市的生动实践，其治理经验对于全国河流的保护与治理具有重要参考价值。

一、背景情况

木兰溪，属于福建省“五江一溪”重要河流之一，其在莆田市境内独流入海，干流总长105km，天然落差达784m，具有“丰枯不均、洪旱急转”的水情特征。历史上，木兰溪水资源时空分布不均，丰水期洪涝灾害频发，枯水期河道生态基流无法保障；流域内工业、农业、生活三大污染源问题突出，6条城市建成区内河和21条农村沟渠为黑臭水体，9条主要汇水支流中有3条水质为劣Ⅴ类，人口集聚区河道沿线普遍存在

“脏、乱、差”现象。

习近平总书记在福建工作期间，亲自擘画、全程推动了木兰溪治理。莆田市委、市政府牢记嘱托、久久为功，坚持科学治水、系统治水，从顶层规划、治理措施、体制机制、绿色发展四个方面下功夫，使木兰溪实现了从“水患之河”到“安全之河”“生态之河”的华丽转身。

木兰溪蜿蜒流过莆田城区（图片来源：莆田市水利局）

二、主要做法

（1）在顶层规划上，织牢流域生态建设保障网。相继颁布《莆田市东圳库区水环境保护条例》《莆田市城市生态绿心保护条例》《莆田市木兰溪流域保护条例》《木兰溪系统治理规划》等6部生态环保领域地方性法规和顶层规划，护航木兰溪治理、保护、发展之路。

（2）在治理措施上，强化全流域系统治理。统筹推进水资源保护、水环境治理、水生态修复“三水共治”。一是通过全面落实最严格水资源管理制度、强化生态流量保障、积极推进区域再生水循环利用和水资源优化调配，有效解决区域水资源分布不均匀和内河生态流量不足问题。二是通过实施污水处理厂提质增效、“小散乱污”企业整治、农村污水治理、养殖业污染防控及优化产业布局等措施，源头治理流域水污染。三是通过保护修复两手发力，在流域上下游分别划定180.25km^{2}的省级自然保护区和65km^{2}的城市生态绿心，让水活起来；实施流域水生态修复与治理工程和河口“蓝色海湾”项目，系统修复流域水生态环境，让水美起来。

（3）在体制机制上，着力健全长效管护机制。一是创新流域双河长制和人大代表监督实施河湖长制，推动河湖长制“有名、有责、有能、有效”；二是建立“8＋X”木兰溪系统治理联席会议制度，由市纪委监委、市委巡察办、生态环境局、住建局、水利局、城市管理局、农业农村局、海洋渔业局8家单位定期会同相关职能单位研究会商突出水环境问题，统筹协调推进问题整改；三是实施木兰溪流域水环境治理工作推进考评，聚焦污水收集率、流域水质、重点工程等关键性指标，通过百分制量化工作成效，结合考评结果应用，推动属地政府及相关部门“真抓实干”解决制约流域水质提升问题；四是实施流域和饮用水源保护区“双补偿”机制，分别按照上年度市财政总收入的3‰募集资金，将水质指标作为补偿资金筹集与分配的主要依据，用于补助木兰溪上游地区和饮用水源保护区的水环境保护。

（4）在绿色发展上，贯彻落实“四水四定”原则。以构建城水协调、地水相宜、人水和谐、产水适配的发展新格局为目标，发展水岸经济、碳汇经济、林业经济、生态农业及全域旅游产业等，推动木兰溪由“生态之河”向“发展之河”“幸福之河”跨越。

三、治理成效

（1）水环境质量更好。2023年流域国、省控断面水质优良比例达100％，同比2019年第二轮中央生态环境保护督察时提升18.2个百分点，达到历年最好水平。流域内49个集中式饮用水水源地水质达标率稳定达100％，城市生活污水集中收集率较2018年提高了约30.6％，城镇污水处理厂进水BOD浓度提升约33％，城市黑臭水体基本实现“长治久清”，农村黑臭水体基本消除，主要汇水支流全面消劣。

（2）水资源配置更佳。以金钟、东圳、外度等大中型水库形成“三水源”服务湄洲湾、平海湾、兴化湾“三港湾”的水资源配置格局，能够更好地服务莆田市经济社会持续发展。全市河流的生态流量得到有效保障，“有河有水”的目标基本实现。2023年流域生态流量的达标率达95％以上，海绵城市建设达标面积占城市建成区面积的30.45％。

（3）水生态环境更美。实施木兰溪水生态修复与治理工程，构建水生态廊道保护与修复网络，实现木兰溪从“清”到“美”的提升，流域生态岸线保有率达到90%以上，水土保持率达93%以上，水生动物类群超过101种。

（4）水管理体系更健全。以河湖长制为核心的河湖管护创新模式走在全省前列，木兰溪治理能力现代化案例荣获福建省生态云应用典型案例一等奖；流域生态保护补偿机制进一步形成了“成本共担、效益共享、合作共治”的流域保护和治理长效机制。

（5）水生态文明更瞩目。成功创建了全国水生态文明城市，木兰溪成为全国首批示范河湖、全国生态文明建设样本。“十三五”以来，流域内新建设绶溪公园、玉湖公园、延寿公园等8个大、中型公园及凤凰山沿渠景观带、延寿绿道等约415km绿道，实现“5分钟进绿道”和“300m见绿、500m见园”，城区河道周边已经成为老百姓茶余饭后休闲娱乐的地方，甚至成了“网红打卡点”，人民群众的生态环境获得感、幸福感和安全感不断增强。2022年，木兰溪流域获评全国“绿水青山就是金山银山”实践创新基地，为全国唯一以流域命名的“两山”基地。

四、经验启示

木兰溪治理是莆田市在习近平总书记治理木兰溪的重要理念指导下开展全流域系统治水的探索与实践，其经验做法对南方沿海城市开展独流入海河流全流域系统治理、解决“三水”问题具有借鉴意义。

（1）坚持高位推动、久久为功是实现可持续发展的内在要求。木兰溪能实现由“水患之河”到“生态之河”的华丽转身，成为助推经济发展的“发展之河”，归根结底在于莆田市委、市政府能够牢记习近平总书记嘱托，20多年传承接力，深入理解并践行“绿水青山就是金山银山”的理念，高位推动、高位谋划、高位施策，坚持生态优先，让其成为发展的准则、保障、底线，正确处理生态环境保护与经济社会发展的矛盾，坚持走保护和发展协调共进的路线，推动流域高质量发展。

（2）坚持科学引领、全域统筹是全流域系统治理的有效举措。在流域治理的过程中，莆田市始终坚持科学引领，立足山水林田湖草沙生命共同体，着力突破就水治水的片面性，从全流域系统治理的角度寻求科学系统的治理修复之道和保护办法。治理过程中既考虑防洪治理，又考虑生态保护；既考虑水利设施安全适用，又考虑景观和谐；既考虑经济发展，又考虑民生需求，最终实现全流域系统治理与经济发展的平衡统一。

（3）坚持因地制宜、创新机制是助推绿色发展的重要保障。木兰溪系统治理取得的每一次进步、生态保护的每一项成果、高质量经济的每一年发展，都离不开因地制宜的精准施策和适度前瞻的体制机制创新。河湖管护、监管方式、生态保护补偿等机制的创新与突破，生态环境导向的开发模式（EOD）的探索，都需要通过创新打破原有的束缚和既定的框框，以生态保护的思想作为引领，以健全细致的考核奖惩机制为推手，推动思想立人、机制促人、制度管人、考核催人，才能将各项绿色协调发展的规划思路和责任目标落到实处。

变害为利　造福人民

——莆田市推进木兰溪全流域系统治理

【摘　要】 木兰溪是福建省莆田市一条自西向东入海的河流，被当地老百姓称为“母亲河”。20 多年前，木兰溪水患频发，老百姓谈溪色变。1999 年，时任福建省委副书记、代省长的习近平提出“变害为利、造福人民”，并决定彻底根治木兰溪水患。20 多年来，福建省莆田市坚持不懈治水，一张蓝图绘到底，一任接着一任干，经过长期综合治理，莆田从“福建省内唯一一个洪水不设防的设区市”，跃升为“全国水生态文明建设试点城市”。2018 年，央媒高度评价“木兰溪治理成为新中国水利史上‘变害为利、造福人民’的生动实践”“木兰溪治理为建设美丽中国提供生动范本”“生态文明的木兰溪样本”“木兰溪见证了一座城市、一个流域在中国共产党领导下的沧桑巨变”，在全社会引起强烈反响。

【关键词】 莆田　木兰溪　全流域　系统治理

【引　言】 1999 年 10 月 17 日，莆田遭遇 14 号强台风的袭击和重创，时任福建省委副书记、代省长的习近平同志视察灾情后，郑重地指出，“是考虑彻底根治木兰溪水患的时候了”。1999 年 10 月 17 日至 2000 年 2 月 13 日，在不到 4 个月的时间里，习近平同志先后 4 次亲临木兰溪现场调研，多次听取并实地检查治理方案和技术准备。1999 年 12 月 14 日，习近平同志带领省直机关领导深入木兰溪张镇试验段工地检查验证方案可行性，认为成果可行，已具备开工条件。1999 年 12 月 27 日，习近平同志将当年全省冬春修水利建设的义务劳动现场安排在木兰溪，并与当地干部群众、驻军官兵 6000 多人一道参加了义务劳动。习近平同志在现场说：“今天是木兰溪下游防洪工程开工的一天，我们来这里参加劳动，目的是推动整个冬春修水利掀起一个高潮，支持木兰溪改造工程的建设，使木兰溪今后变害为利、造福人民。”

一、背景情况

木兰溪是福建省“五江一溪”之一，发源于福建戴云山脉，天然落差784m，总长105km，流经一县四区18个乡镇，流域面积1732km^2，是莆田人民的“母亲河”。木兰溪曾水患频发，让当地百姓谈溪色变。1999年12月27日，木兰溪一期试验工程建设开工。2001年试验段工程完成，2007年木兰溪裁弯取直工程完成，原来16km的行洪河道，裁直为8.64km，缩短7.36km。2011年，两岸防洪堤实现闭合，洪水归槽，从此结束了莆田市主城区不设防的历史。历经20多年坚持不懈的治理，如今的木兰溪焕然一新，成为355万莆田人民的生命之水、安全之水、生态之水、金银之水。一直以来，莆田市牢记习近平总书记“变害为利、造福人民”的嘱托，始终坚持“一张蓝图绘到底、一份规划用到底”的精神，一任接着一任做好木兰溪全流域治理工程，不断实践、传承、深化习近平总书记治水理念，以水为脉、量水而行，构建人水和谐共生的良好发展格局，践行绿水青山就是金山银山的发展理念，成为福建省唯一“全国节水型社会建设示范市”。

二、主要做法

（一）依水而治，塑造美丽莆田的最靓底色

坚持生态优先、系统治理、科学治水的理念，按全省独创的“防洪保安、生态治理、文化景观”三位一体思路因水制宜开展治理，为构建美丽莆田打造安全、生态、宜居的环境。

一是防洪保安。推进木兰溪干流全线防洪工程建设，累计投入50亿元，按照50年一遇标准，建设木兰溪防洪堤37.4km，并通过兴化湾、平海湾、湄洲湾防洪排涝工程建设等措施，确保县级以上城区防洪100%达标。治理以来，木兰溪超过10年未发生重大洪涝灾害，下游20多万亩平原、70多个行政村和近百万人口不再受水患困扰。构筑东圳水库保护、治理、修复、法治、科技等五道防线，上游强化封山育林，中游严控面源污染，环库建设河湖缓冲带，实施《莆田市东圳库区水环境保护条例》，数字赋能水环境巡察，有效保护近150万人口饮用水来源的库区水质安全。

二是生态治理。深化拓展木兰溪治理内容，开启从水上到陆上、从下游到上游、从干流到支流的全流域、系统性治理工程，在全省率先实

木兰溪防洪工程华林段（图片来源：莆田市水利局）

施重点区域生态保护、污染防治“禁令”，在主要流域全面禁止新建水电站、石材加工、矿山开采等项目，在水源保护地周边禁止建设畜禽养殖场；实施木兰溪流域生态补偿机制，开展木兰溪水质提升攻坚行动，推动木兰溪形成完整的生态水循环系统，建成全省工艺最先进的闽中污水处理厂及一批配套管网，生态综合整治干流河道比例超过70%，65km²的城市绿心中水面面积达15%以上。

三是文化景观。建设木兰溪两岸综合走廊及景观工程，综合防洪、生态、休闲、观光等功能于一体，已搭建上起仙游县度尾镇中峰村、下至涵江区宁海桥的综合走廊75km。实施木兰溪“一溪两岸”水文化景观工程，开展木兰陂、泗华陂等四大古陂和镇海堤等古代水利遗址保护修复工程，建成木兰溪生态文明教学基地、东圳事迹教育基地、木兰溪治理展示馆等，持续弘扬水文化。

（二）依水而建，构建以溪为轴的城市空间

以木兰溪为轴，沿溪建城，优化和拓展城市发展空间，提升城市功能品质，推进城乡一体化发展。

一是因势利导，打造新城。由于木兰溪采取“裁弯取直”工程，将原16km行洪河道裁直为8.64km，缩短7.36km，为减轻对原有水生态系统的影响，莆田市按照“改道不改水”的方式打造水域面积超700亩的城市内湖，增加城区水域面积，提升城区蓄洪能力，并在沿湖建设玉湖新城。明确玉湖片区内市财政土地收入的80%必须用于玉湖新城改造建设，整个玉湖片区全面完成5个村的改造，配置青少年宫、科技馆、图书馆等公共设施，为曾经饱受水患的人民群众打造了新的宜居环境。

玉湖水镜（颜建平　摄）

二是拓展空间，均衡发展。开启城市沿溪跨溪、东拓南进的新时代，大幅拓宽城市发展空间，莆田市建成区面积从 69.24km² 拓展到 142.24km²，推动莆田成为福建省唯一的“城乡一体化改革试点市”。人均水资源量从治理前的不到全国 1/2、全省 1/3，到如今全社会年用水量供需实现基本平衡。

三是要素集中，凸显特色。综合治理中心城区荔枝林带，保护荔枝林 6000 亩，建成 11 条荔枝林景观带，彰显“荔林水乡”风貌。推动下游 399 条内河与木兰溪互联互通，形成面积 65km² 的城市绿心，生态绿心保护修复项目荣获中国人居环境范例奖。同时，注重在木兰溪沿线打造一批特色小镇，其中三江口镇列入第二批全国特色小镇，仙游艺雕小镇列入全省第二批特色小镇。

（三）依水而兴，形成稳定增长的产业高地

合理利用水环境治理带来的生态效益，正确处理经济发展和水环境保护的关系，形成节约资源和保护环境的产业结构、生产方式。

一是发挥治水效益，助推乡村振兴。发挥木兰溪治理带来的防洪、挡潮、灌溉等综合效益，开展东圳水库除险加固等工程建设以增强防洪能力、提高蓄水水位，推广农业灌溉节水技术，确保农业生产条件安稳、灌溉用水充足，尤其是保障木兰溪下游 425km² 南北洋平原地区农业灌溉用水，促进粮食产量提高。

双福回族村（杨怡玲　摄）

二是坚持绿色导向，引导产业转型。通过木兰溪全流域治理，为沿河园区打造安全的发展空间，让企业安心落户、专注发展。新规划兴化湾南岸、仙港工业园等一批园区，为承载大项目好项目提供更大的腾挪空间。谋求高质量发展，推动经济结构向绿色低碳转型，重点打造电子信息、鞋业、工艺美术、化工新材料、建筑等 6 个千亿元产业和高端装备、医疗健康、海洋、能源等 4 个 500 亿元产业，华佳彩高新技术面板、HDT 高效太阳能电池等一批重大产业项目相继落地建设、竣工投产，其中投资超百亿元的项目 6 个、10 亿元以上 21 个，为加快赶超发展奠定坚实的基础。

三是释放生态效益，促进旅游发展。建成兰溪公园、绶溪公园、泗华郊野公园等一批滨水休闲活动场所，提升城市品位和吸引力。创建木兰陂、九鲤湖等 3 个国家水利风景区和东圳水库、涵江白塘湖等 10 个省级水利风景区，注重挖掘萩溪等河道周边乡村旅游业资源，推动生态效益变成广大市民看得见、摸得着的福利。

三、经验启示

（1）以科技创新为核心要素，注入绿色高质量发展新动力。鼓励绿色经济链等主企业牵头建设创新联合体、新型研发机构等科技创新平台，吸引集聚水利等领域高层次科技人才和创新团队，围绕12条重点产业链，布局一批符合产业需求的专业化、特色化产业技术研究院、工程研究中心等创新平台。

（2）以绿色转型为根本方向，擦亮绿色高质量发展新底色。深入推进木兰溪流域生态环境保护治理提升三年行动，推进延寿溪全国幸福河湖试点建设，打好木兰溪流域生态保护与绿色发展三年行动收官战，以高品质水生态环境支撑绿色高质量发展。

木兰溪流域综合治理生态范本

【摘　要】 多年来，莆田市围绕建设生态河、智慧河、幸福河，系统推进“六水木兰”建设，重点规划建设绿心保护与利用、城市主干道、五山慢道等，丰富木兰溪两岸业态，深入挖掘关键节点、关键区域的文化内核，串珠成链、串链成带。集成实施“千古木兰溪、百里江山图、十里风光带”工程，从“生态带、文化带、健康带、产业带、创新带”五大方面发力，推进木兰溪“十里风光带”、荔林水乡“水上巴士”、凤凰福道等建设，努力打造展示习近平生态文明思想的生动实践区。

【关键词】 木兰溪　综合治理　生态范本

【引　言】 木兰溪是一部贯穿莆田历史的千年水利史诗，宋代历经千辛万苦修筑了木兰陂，从此兴化平原沧海变桑田，孕育了璀璨的莆阳文化。但木兰溪上下游落差大、下游平原排水慢，设防标准低，水患频发，新中国成立后多次规划治理未果。1999年，在闽工作的习近平同志亲自擘画和推动木兰溪综合治理，历经20余载接力治水，木兰溪从水患之河成为造福人民的生命之河、安全之河、生态之河、发展之河，成为新中国水利史上“变害为利、造福人民”的生动实践，为当代治水提供了木兰溪样本。

莆阳开春水上巴士（蔡昊　摄）

一、创新做法

（一）探索善治之路，构建全流域长效综合治理新模式

在木兰溪防洪工程建设之初，习近平同志指出：治理木兰溪功在当代，利在千秋。多年来，莆田市始终牢记嘱托，坚持“一张蓝图绘到底”，一任接着一任干，脚踏实地、久久为功，建立起行之有效的生态文明建设管理体系。

一是创新系统治理理念。坚持“步步拓展、层层提升”治理理念，实现从河道整治拓展到全流域治理、从一溪治理到山水林田湖草系统治理、从一座城市治水到全国水利改革先行探路者的升级，持续推进河湖治理现代化。

木兰溪沿岸（图片来源：莆田市水利局）

二是建立法治护航机制。出台《莆田市木兰溪流域保护条例》等法规，建立“部门协作＋区域联动”生态护河机制，公检法、农林水、环保等多部门协同预防、快查快办、督促落实。创新“生态司法＋审计”工作机制，有机衔接生态环境资源审判与领导干部自然资源资产离任（任中）审计，从严形成监督合力。

三是建立多元河长监管体系。实行流域双河长，将每月 20 日设为河长日，规范常态化履职；引导企业河长认养河道，做到“政企共治”；设立民间河长基金，成立 350 支民间护河力量，为河湖装上“扫描仪”“千

里眼”。

四是创新一体化投融资机制。整合水利、生态环境、住建等部门经营性资产，重组设立水务集团，覆盖水源保护、调水、供水等全产业链。围绕乡村振兴，打破行政区划限制与城乡二元供水格局，整合国有和民营水厂，建设大水厂、大管网，保障供水安全可靠。探索公私合营木兰溪流域水环境综合治理“PPP＋水质考核”模式，缓解污水收集处理设施建设等资金压力。

（二）系统集成推进，打造美丽中国幸福河湖新样本

深入贯彻落实“绿水青山就是金山银山”生态文明理念，坚持节水优先，统筹推进生态系统保护和修复，倾力打造安全、生态、智慧、文化木兰。

一是打造安全木兰。坚持“改道不改水”，最大限度保留原始水面，解决河道“裁弯取直”难题，狠抓木兰溪防洪减灾，全面打通拓宽“断头河”“瓶颈河”，易涝点逐年治理销号。实施水系连通、截污收污、清淤清障、生态引水等举措，推进下游399条内河与木兰溪互连互通，打造源清流洁的水域环境。按照“水岸协同、属地管理”原则，深化入河排污口“全口径”排查整治，完成木兰溪流域20个“污水零直排区”试点村庄建设。

二是打造生态木兰。系统开展木兰溪生态修复工作，上游封山育林，设立27万亩源头自然保护区；中游退耕还林、退田还草；下游系统修复河口和湿地。出台《莆田市木兰溪流域生态补偿办法》，探索形成多元化生态补偿模式，实施“饮用水源地保护区＋生态流域”双重生态补偿机制，建立生态基金，按照水质达标考核进行分配。2022年5月，列入国家150项重大水利项目的木兰溪下游水生态修复与治理工程开工建设，工程实施范围425km^2，计划总投资29亿元，生态治理河道162.9km，建设生态护岸50.2km。

三是打造智慧木兰。依托卫星遥感、无人机等技术手段，在木兰溪干流及其支流上布设在线水质自动监测站，构建全流域水质自动监测系统，建设水环境综合管理平台。创新智慧监管方式，联合国网电力公司，打通省、市、县三级数据壁垒，探索用电监测数据应用，分析企业生产和排污治污设备用电数据，实现智能排污监测预警和管控。

四是打造文化木兰。建设木兰陂世界灌溉工程遗产公园、木兰溪防洪工程奠基点，打造“精神家园、人文景观、生态休闲”多层级水情教育基地，展示习近平生态文明思想。

（三）人水和谐共生，走实以水兴城绿色发展新路径

以木兰溪综合治理写入国家第十四个五年规划和 2035 年远景目标纲要为契机，以水为核心全面推进木兰溪片区可持续综合开发，提升人居环境，实现绿色发展，打造人与自然和谐共生河湖样本。

一是以水定地。实施木兰溪南岸全域土地综合整治试点项目，集中复垦木兰溪南岸邻河侧无序村庄建设用地、零散废弃工业厂房用地，并全部划入永久基本农田，作为“万亩方”生态廊道予以保护，打造木兰溪生态治理样板区域，逐步构建“农田集中连片、乡村集聚美丽、产业融合发展”新格局。

二是以水定产。通过木兰溪全流域治理，为沿岸园区打造安全发展空间，规划建设高新技术开发区、仙港工业园等一批园区，推动经济结构向绿色低碳转型，做大做强 12 条产业链，打造先进制造业基地、战略性新兴产业基地。

三是以水定城。在木兰溪南岸土地整治重点区域外，坚持产业优先、基础设施优先、配套优先、环境优先，规划建设高铁新城，提升城市功能品质，推动城市“跨溪连铁抱湾”发展。

四是以水定人。依托木兰溪水域面积超 700 亩的城市内湖，沿湖规划建设玉湖新城，配置青少年宫、科技馆、图书馆等公共设施，打造城市滨溪景观，改善人居环境。

二、主要成效

木兰溪这条曾经的水患之河，如今安澜清波、风光旖旎、泽被乡里，成为全国“十大最美家乡河”，打造出生态文明建设的木兰溪样本，实现“变害为利、造福人民”的目标。

当年木兰溪防洪工程开工奠基点所在的张镇段，已成为美丽的防洪景观带，两岸高楼林立，人民安居乐业。从“福建省内唯一一个洪水不设防的设区市”，跃升为“全国水生态文明建设试点城市”，莆田新建堤防、修建水闸、堤基防渗、景观绿化等一系列工程，不断筑牢筑美“防洪长城”。水清、岸绿、景美、宜居，木兰溪展现人水和谐新图景。治水引来百业兴，依托木兰溪流域系统治理，连片推进玉湖新城、高铁新城等重点区域开发，开启了城市沿溪跨溪、东拓南进的新阶段。沿岸水患“洼地”蜕变为经济发展“高地”。上游的仙游，“仙作”古典工艺家具传统产业发展迅猛。下游的荔城，工艺美术和鞋服产业蒸蒸日上。城厢华林经济开发区产业集聚，涵江的莆田高新区发展迅猛。

木兰溪生态文明建设实践入选中组部主题教育案例、教学案例和国家发展改革委《国家生态文明试验区改革举措和经验做法推广清单》。2021年，木兰溪治理写入国家“十四五”规划和2035年远景目标纲要。

（本案例获评2022年福建省10个改革品牌）

全域综合治水的荔城模式

【摘　要】 荔城区作为福建省莆田市水系密度最高的县区，统筹全域综合治水，以“六清六化六方”行动为抓手，通过实施“水岸协同治理＋发展＋管护”模式，采取超常规治水措施，包括专项整治“五小”行业、防控畜禽养殖污染、整治垃圾河、推进城乡污水治理PPP项目、实施河道综合整治工程等，有效改善了水系环境。创新投融资机制，破解资金瓶颈，减少机制束缚，实现科学治水。荔城区还通过治水带动区域发展，打造“水生态＋”景观，带动土地升值，促进经济发展。建立水岸协同、城乡一体的保洁机制及流域生态补偿机制，探索企业河长制，推动多方力量共同参与治河护河。

【关键词】 综合治水　水岸协同　创新

【引　言】 荔城区深入贯彻落实习近平总书记治理木兰溪的重要理念，围绕市委、市政府提出的“坚持以木兰溪系统治理统揽建设美丽莆田”，大力开展综合治水工作，以“十个一”模式为引领，全面启动并深入推进河湖长制工作。创新水岸协同保洁机制，全面铺开工程建后管养，着力推动形成管河护河合力。不仅破解了岸上岸下的污染源问题，还创新投融资机制，破解资金瓶颈，减少机制束缚，实现了科学治水。极大地改善了南北洋水系的水质和生态环境，更带动了区域经济的蓬勃发展，为莆田市打造宜居宜业宜游的美好家园贡献了重要力量。

一、背景情况

荔城区位于福建省四大平原之一的南北洋平原下游，是莆田市土地面积最小、水系密度最高的县区，土地面积269.66km^2，仅占全市的6.4%；主要河道32条，长497.25km，约占南北洋河道总量的67%、总长的70%；莆田城市生态绿心总的规划面积约5800hm^2，其中涉及荔城区的用地面积约5082hm^2，约占莆田市生态绿心总规划面积的88%。因此，荔城区的水系治理，对建设美丽莆田举足轻重。荔城区常住人口68万人，下辖6个镇街130个村居，辖区水资源丰富，河道纵横交错，水域面积 10.98km²。荔城区处于仙游县、秀屿区、城厢区下游的兴化平原，地势平缓，水体流动能力不足，河道两岸人口众多、房屋密集。市委、市政府发布1号河长令以来，荔城全区上下闻令而动，以敢于迈出第一步的闯劲和持续走好每一步的韧劲，通过实行“一张蓝图、一个班子、一套措施、一笔资金、一个平台、一样标准、一个公司、一支队伍、一条水带、一张水网”的“十个一”模式，在河湖长制工作中贡献长板、做好样板、补足短板、加厚底板，打好南北洋水系治理“稳定盘”、启动机制自主创新“发动机”，南北洋平原从连年水患、水质不佳逐步向滨水宜居、生态宜商转变，重现荔林水乡美好风貌。

二、主要做法

（一）“水岸协同”治理

1. 破解岸上岸下根源，超常规治水

敢用除法，推进“5+N”专项整治祛除污染根源。

（1）雷霆万钧铁腕整治“五小”行业。荔城区将“五小”行业整治工作列入年度工作重点，全力攻坚。多次召开动员部署会、研讨会、推进会，成立整治工作小分队，各镇街、部门集思广益、各司其职，形成整体工作合力，对辖区内涉及的翻砂铸造生产行业、石材加工行业、塑料拉丝编织网生产、废旧塑料回收行业以及传统砖瓦窑行业等“五小”行业进行全面排查，对排放超标、手续不齐的不合规企业坚决予以全面拆除关闭，严防死灰复燃。2021年以来，全区共排查出石材企业442家、机砖厂和传统砖瓦窑企业26家、废旧塑料回收企业22家、翻砂铸铁企业34家、塑料拉丝编织网企业92家，除1家塑料拉丝编织网企业及12家电频炉企业以外，其余已全部拆除关闭到位。在从严整治“五小”行业的同时，投入政府专项产业升级补助资金1.6亿元，积极引导企业进行转型升级，从技术升级、管理升级、服务升级、产业升级等方面着手，淘汰旧产能，发挥新动能，使企业迸发新的活力。

（2）重拳出击严密防控畜禽养殖污染。为杜绝水质污染，荔城区加大畜禽养殖整治力度，全区保留的34家规模化畜禽养殖场，全部通过环保竣工验收，并实施“莆田市扶持畜禽养殖污染治理”项目建设14家、

“生猪标准化升级改造”项目建设2家、“猪舍改造免冲洗治理环保设施”项目建设7家，提升养殖环保设施化水平，有效减少养殖污染。同时，严厉打击“反弹复建”畜禽养殖场，及时组织人员、机械进行依法强制拆除。2021年以来，全区共摸排违规养殖场248家，已拆除关闭248家，畜禽养殖污染得到有效控制。

（3）多措并举全面整治垃圾河。荔城区以全面推行河湖长制为契机，结合美丽乡村建设及中央环保督察时机，对辖区河道乱占乱建、乱填乱倒进行普查汇总，制定垃圾河道清理计划方案，明确清理措施、清理时限，开展清理整治、定期巡查、日常保洁，大张旗鼓地开展了垃圾河道整治歼灭战。2021年以来，全区共清理垃圾河道240多km，清理垃圾量10多万m^3，出动1500人次、挖掘机200多台次、运土车辆100多辆次、船只50只次。

（4）全线铺开上马城乡污水治理PPP项目。荔城区城乡污水整治PPP项目（包含4个部分，分别是雨污分流工程、106个行政村农村污水整治工程、安置房污水收集提升工程和室外消防系统增设工程），计划投资9.79亿元，项目建设期36个月，具体建设内容包括污水处理设施、农村农户三格化粪池（新建及改造）和污水管网建设。

（5）全面发力实施河道综合整治工程。为构筑壶山兰水景观优美、荔林水乡特色凸显的绿色家园，2006年以来，荔城区先后实施了北洋水系一期、二期治理、全国25个中小河流治理重点县、全国中小河流治理、全国小型农田水利重点县、全省首批综合治水试验县、安全生态水系以及城区内河整治等重大水利项目建设，共完成南北洋主干流河道综合整治173km，完成次河道清淤疏浚258km，累计完成投资18.12亿元。通过清淤、拓宽、护岸、拆违、控源、截污、绿化、生态修复等措施，目前南北洋各主次干流水系基本形成互连互通，绿道基本联网，城区防洪标准由2～5年一遇提高到50年一遇，排涝标准由原来的2～5年一遇提高到10年一遇，城市主要供水源地水质达标率由85%提高到90%以上。为增加木兰溪北渠以及延寿溪对城区内河的补水能力，荔城区先后打通了护城河、下厝河、下亭河、霞桥沟四处断头河并新建下厝河提水泵站、下亭河提水泵站及下戴河提水泵站，对城区内河进行补水，同时科学制定木兰溪北渠补水方案、东圳水库补水调度方案，每年补水流量约1.8亿m^3。十年如一日持之以恒的水利工程建设，使南北洋水系水质得到明显改善，河道水质由Ⅴ～劣Ⅴ类提高到Ⅳ类，全区沿溪、沿河荔枝成片，在实施水利项目后，“荔城无处不荔枝”的自然景观得到还原、提升，实现了“河畅、水清、岸绿”。

河道清淤（朱崇飞　摄）

（6）全面排查入河排污口开展规范整治行动。在持续整治排污口工作中，荔城区秉承“清淤一条，排查一条，治理一条”的理念，一是紧紧结合木兰溪水质提升攻坚战有利契机，在全面治理建成区水体和深化汇水支流综合整治过程中，投资3500万元，清理北洋绿心、建成区、南北洋汇入木兰溪主要支流共计102km河道，进行全面清淤清障，并结合清淤疏浚工程，清一条排查一条，共排查排污口927个，以河长制办公室名义发函，要求住建局开展治理设计工作，设计后交由相关镇街按属地原则开展治理工作。二是结合综合治水试验县和重大水利项目实施的有利时机，同步实施城乡污水整治工程、南洋水系水环境综合治理两个PPP项目以及黑臭水体整治、水污染防治，分年度加快实施排污口和排放口的整治，彻底根除污水入河现象。

2. 破解资金瓶颈，超时空治水

巧用乘法，搭乘政策东风力促治水资金发挥倍增效应。

荔城区十分重视和珍惜2017年进入全省首批综合治水试验县的难得

机遇，大力创新水利投融资机制，多方筹措各级政府和其他方面资金投入保障涉水项目建设。一是利用荔城区水务投资有限公司作为融资平台获得兴业银行3.5亿元授信贷款用于中小河流治理重点县及安全生态水系建设。二是对于河道整治项目，市、区两级财政资金进行兜底，除中央、省级补助资金外，不足部分由市、区财政各按50%配套。自综合治水试验县项目实施以来，区级配套资金每年不少于5000万元。三是2018年及2019年建设项目除采用传统的建设模式外，部分项目进行捆绑打包，采用PPP、EPC等形式吸引社会资本合作投入水利工程建设，增加水利工程建设力量，提高水利工程建设效率。综合治水试验县启动以来，省级拨款1.1613亿元，带动市、区配套资金34.19亿元，贷款3.5亿元，其他涉水部门投资10.91亿元，资金倍增效应为41.85倍。

3. 破解机制束缚，超理念治水

启用减法，减少人为因素尊重治水规律科学治水。

（1）“减批”放权，简化项目建设土地报批手续。对河道拓宽所占用的土地按只征不转方式办理土地报批手续，平均节省项目工作时间6个月左右，节约土地指标4900多亩。

（2）“减用”留河，留足两岸绿化景观建设空间。自2006年北洋一期河道整治时，荔城区就在河道两岸预留空间，为后续生态修复、景观建设预留空间。木兰溪两岸生态保护蓝线按各不小于150m，延寿溪两岸宽度各不小于30m，其他主干流河道两岸各不小于15m范围内作为河道绿化景观建设用地，其他部门、单位团体和个人不得占用。

（3）“减排”节能，尊重自然规律化害为利。综合治水试验县项目实施以来，荔城区水务投资公司作为全区项目前期工作的业主单位，采取统一运作，捆绑设计，不断优化项目设计方案，以“节能减排、生态友好”改变以往工程设计中不符合自然规律的设计理念，改砌石护坡为生态自然岸坡，生态资源得到充分利用，降低了项目建设成本，避免了水利工程建设对自然环境的不利影响。

（二）“水岸协同”发展

善用加法，治水带动百业兴旺拓展发展空间。

1. 践行“人水和谐”理念，为木兰溪千秋功业添砖加瓦

坚持“防洪保安、生态治理、景观休闲”三位一体治河理念，持续推进木兰溪荔涵段、郑坂段防洪治理，建设木兰溪河口宁海闸，启动兴化平原防洪排涝工程，不断完善防洪减灾工程体系。延寿溪下游实施泄洪通道整治工程，通过清淤、拓宽打通卡脖子河段，泄洪通道全线宽达60m，两岸堤路按照50年一遇防洪标高控制，确保防洪排涝安全。

2. 打造南北洋水系“水生态十”景观，为城市环境增光添彩

木兰溪北洋水系以城市绿心为主，着力把延寿溪沿线东圳水库、绶溪公园、北大休闲农庄、东阳古民居、东阳湖、白塘湖、玉湖等水设施、水景点、水文化串珠成线，重现“荔林水乡，泛舟木兰”的景观；木兰溪南洋水系以宁海挡潮闸建设为引领，着力把东郊河沿线梅妃故里、戚光祠、江东村省级旅游村、华堤省级美丽乡村、谷城梅雪、工艺城、鞋服城、壶公山等景点串珠成线，高起点规划，高品位建设，打造“壶山兰水、梅映水间、田园风光”的水生态旅游城市名片。

3. 带动土地升值，为经济发展加油助力

综合治水试验县的整治实施，不仅改善了木兰溪两岸的生态，还使南北洋平原由原来备受水患威胁的洪涝地区华丽转身为生态宜居、宜商、宜业、宜游的新兴繁荣经济高地。东郊河沿岸黄石工艺美术城、鞋服城、商贸物流园已形成规模；北高镇埕美河上游国际珠宝城2018年落地开业；和平河岸边黄石工业园区、后卓溪沿岸荔城工业园区因水而兴，成为荔城区的经济发展支柱。木兰溪沿岸，各大楼盘相继落地形成莆田新的娱乐购物聚集地。推进玉湖新城建设，在玉湖人工湖旁建成两馆一宫。创世纪超级计算中心落地莆田，投资约260亿元。荔城区南洋水系水环境综合治理PPP项目在新度镇区域内共治理河道约38km，项目建成后可带动沿河两岸各500m范围内的土地增值，增值幅度约20%。

（三）“水岸协同”管护

利用等法，推动多方力量共同参与治河护河。

1. 创新水岸协同、城乡一体的河道保洁机制

荔城区水系发达，河网密布。在以往传统的水岸保洁方案实施过程中，全区分为区、镇、村三级共同参与河道保洁工作，在城区两个街道

以街道筹建的保洁公司为主体，在四个乡镇以村居为主体，水葫芦打捞以市木兰溪水利管理处为牵头单位实施，全区共有110支保洁队伍同时运行；城乡保洁经费标准不一，城市建成区按照每年每平方米1.1元的标准测算，而农村的测算标准只有每年每平方米0.45元，资金使用存在“煮大锅饭撒味精”现象。农村河道保洁经费投入低客观上造成了保洁成效难以得到保障；保洁考评督查队伍也是政出多门，河道保洁工作存在人员五花八门、工作良莠不齐、界限难以分清、效率大打折扣等问题。

为解决这一难题，荔城区不断创新保洁机制，在全市率先建立“水岸协同、城乡一体”保洁机制，统筹水利、交通、住建等部分保洁经费，将荔城区全流域纳入保洁范围（含水葫芦打捞），路面与河面、城区与农村的保洁纳入同一支队伍负责，三年投入3.24亿元，实现全区道路保洁、河道保洁、垃圾转运等作业一个公司经营、一支队伍作业、一支队伍监管的“三个一”运作。

2018年5月15日，全区水上陆地保洁工作开始“一盘棋”运作，区委、区政府还特地组建一支专职督查队伍，并配备无人机开启了智能河道保洁巡查的先河，对辖区范围内河道全方位、无死角、科学化地实施水陆保洁考评工作。实施半年以后即彻底扭转了过去岸上水下保洁互相推诿扯皮，终结了岸上垃圾倾倒入河、水面垃圾清理堆积岸上的周而复始怪圈。2018年下半年，区、镇、村巡查发现河道保洁问题2307个，整改到位2298个，问题整改率提升到99.6%，整整提高了45个百分点。在2020年第一、二季度全市“美丽乡村”工作考评中，荔城区分别位列全市第五、第六位，下半年直接进位至全市第一名。水岸协同保洁机制真正达到了一体化实施、一体化保洁、一次性到位的目标，取得了良好的成效。

2. 遵循上下同心、效益共享的流域生态补偿机制

按照莆田市人民政府2017年8月16日印发的《莆田市木兰溪流域生态补偿办法》文件精神。将水质指标作为补偿资金筹集与分配的主要因素，通过补偿资金鼓励加大对流域上游地区的保护，为下游地区提供优质水资源。2017年，荔城区率先响应了市政府发出的号召，向木兰溪上游地区补偿水生态环境补偿资金1139.2万元，体现了保护水生态环境的

担当和决心。

3. 探索政企互动、多方参与的企业河长机制

“企业河长”是荔城区在实施河湖长制工作中做出的探索，由沿河企业认领某条河流、某些河段担任“企业河长”，组织开展河道清理、违规排放巡查、植被种植养护、环护知识宣传等公益活动，在治河管河中献言献策、出钱出力。通过政府和企业的共同努力，特别是企业真正参与、共治共护，扭转沿河企业“侵河、占河、污河”的反面形象，共同塑造“护河、爱河、清河”的良好形象。

三、经验启示

荔城区紧紧围绕“率先跨越、宜居荔城”的总体目标，坚持“区、镇联动，先急后缓”原则，大力推动“六清六化六方”项目落地见效。坚持水岸协同发展，共促魅力荔城建设。

一是打造城市经济带。全力整治南洋水系，带动两岸崛起，东郊河沿岸工艺美术城、鞋业服装城、商贸物流园已成规模；新度镇河道治理后，带动沿河两岸 500m 范围内的土地增值，增值幅度约 20%；木兰溪沿岸玉湖新城等楼盘形成新的娱乐购物聚集地；和平河岸边黄石工业园区、后卓溪沿岸荔城经济开发区成为全区经济发展支柱。

二是打造旅游观光带。推进南北洋水系系统治理，以水为线，把沿岸景点串珠成网，着力打造“泛舟木兰、畅游水乡”的水生态旅游城市名片。北洋水系以城市绿心为主，串联延寿溪沿线的东圳水库、绶溪公园、东阳湖、玉湖等水景观；南洋水系以宁海闸建设为引领，串联东郊河沿线的梅妃故里、谷城梅雪、壶山致雨等水景点。全区累计接待游客人次、旅游总收入均实现同比增长。

三是打造生态景观带。以“双比”活动为抓手，着力攻坚木兰溪流域荔城段水质提升，加快建设新时代美丽荔城。城乡人居环境进一步改善，有力推动了美丽荔城建设再上新台阶。

仙游县打好“五水共治”组合拳

【摘　要】 多年来，仙游县委、县政府始终牢记习近平总书记“变害为利、造福人民”的嘱托，围绕莆田市委“千年木兰溪、百里江山图、十里风光带”工程，科学规划沿岸产业发展，加快“一溪两岸”城市建设，坚持一张蓝图绘到底，一任接着一任干。围绕“生态河、智慧河、幸福河”主题，以开展治污水、防洪水、排涝水、保供水、抓节水“五水共治”为抓手，持续深化木兰溪流域综合治理，不断深化拓展木兰溪治理内容，落实好河湖长制、“河长日”等长效机制，打通治水护河“最后一米”，汇聚幸福河湖造福人民，为仙游县绿色高质量发展打下坚实的水利基础。

【关键词】 河湖长制　综合治理　五水共治　幸福河湖

【引　言】 以习近平生态文明思想为指导，深入贯彻习近平总书记治理木兰溪的重要理念，践行习近平总书记“变害为利、造福人民”的重要嘱托，全面落实“节水优先、空间均衡、系统治理、两手发力”的治水思路。仙游县因地制宜、因“河”施策，及时作出治污水、防洪水、排涝水、保供水、抓节水“五水共治”的决策部署，大力实施清淤疏浚、治污截污、清水活水、生态护岸、增绿造景等行动，探索创新河湖治理机制，持续深化木兰溪综合治理。经过不懈努力，仙游县水利基础设施短板加速补齐，河湖水生态环境持续改善，人民群众生活幸福指数不断提升。

一、背景情况

仙游县位于木兰溪、延寿溪的中上游，是莆田市的“后花园”。境内水网密布、溪河纵横、水库山塘星罗棋布，发挥着灌溉、供水、发电等作用。全县镇级以上河道全长 541.17km，其中市级河道 3 条（木兰溪、延寿溪、萩芦溪）、县级河道 10 条（仙水溪、大济溪、枫慈溪、龙华溪、粗溪、九溪、柴桥头溪、沧溪、苦溪、院里溪）、乡镇级河道 20 条。木兰溪在仙游境内干流全长 64.5km（占全长的 61.9%），流域面积 1072km^2，全县 70%以上的人口及工农商业均汇集于此。但随着经济社会的快速发展和人民生活水平的提高，水资源短缺、城市供水能力不足、节水水平不高、水污染程度加剧等问题日益凸显，治理迫在眉睫。

木兰溪城区段（张力　摄）

二、主要做法和取得成效

（一）打出“五水共治”组合拳

五水共治，三年行动、两年提升。仙游县目标明确，力争通过 3～5 年的努力，使全县水污染得到根本遏制，水环境得到明显改善，水安全得到明显加强，水资源开发利用和保障水平得到明显提高。打出“五水共治”组合拳，仙游县主要实施了以下五方面行动。

一是治污水行动。五水共治，治污为先。仙游县立足县情实际，创新推广“政府主导、乡镇主责、村居主体、群众参与、规范运行”的一体化推进机制，深入实施农村生活污水提升治理三年攻坚行动，坚持水岸同治和源头治理，聚焦生活污水处理，加大入河排污口排查整治，推进城区雨污分离改造和农村污水管理规划建设，抓好畜禽退养，打击非法采砂，等等。同时向工业污染发起全面攻坚，累计排查并整治“两无”企业 370 多家。木兰溪流域 110 个村居、城区 35 个村居污水管网全面动工建设，新建管网 1366km；全县 40 家小型污水处理设施委托第三方运维，36 家养鳗场完成尾水治理设备安装并联网运行，实现水质在线监测、实时监管，尾水排放优于地表水Ⅲ类标准。

二是防洪水行动。强化流域统筹，疏堵并举、防洪调度。坚持以木兰溪治理为基础，加快推进固堤、强库、扩排等三类工程建设，坚决守住水旱灾害防御底线。木兰溪水患治理已从单纯的防洪提升为防洪安全、生态治理和景观休闲“三位一体”，其中木兰溪支流松坂溪已建成的“鱼鳞坝”成为周边群众和外来游人争相到访的“网红打卡点”。2023 年共新建木兰溪防洪生态景观工程 4.8km；粗溪莱溪段、桥光段及中岳溪河道整治一期工程、松坂溪安全生态水系工程竣工，完成小流域治理工程 12km、安全生态水系 8km；全面完成全县 114 座小型水库雨水情测报系统的设备安装及数据接入工作，为全省第一个完成该项目的县区。

三是排涝水行动。开展城区易涝隐患点整治，完善城市排水管渠系统建设，加强排水设施管理维护，清掏城区雨水口 568 个，增设雨水排水口 127 个，并通过增设雨水排水口和排水管道、高压疏通车疏通和定期清理排水口等措施整治易涝积水点 19 个。

四是保供水行动。按照“厂网布局合理、资源高效利用、优先集中供水”原则，计划利用 3～5 年时间投资 16.8 亿元，新改扩建水厂 6 座，大力推进老旧管网改造和“一户一表”改造，整合国有、民营水厂，建设大水厂、大管网，建立从源头到龙头的饮水安全体系，开启城乡供水“同质同网”新时代。仙游片区城乡供水一体化项目涉及 18 个乡镇 326 个村，将受益 115 万人。2023 年完成赖店镇、龙华镇一期二期、城中村一期等“一户一表”改造，铺设供水管道 480km，惠及群众 3.98 万户。同时，有序推进古洋、东溪水库库库连通项目、木兰溪水资源综合管理工程前期工作。全县已形成双水源、一张网、互备用的城市供水新格局。

五是抓节水行动。持续推进县域节水型社会建设和工业节水、农业节水等工作。一泓清水，用之不觉，失之难存。仙游县紧紧围绕水资源“三条红线”控制要求，持续推进县域节水型社会建设，实行水资源消耗总量和强度双控行动，全面实施用水定额管理，抑制不合理用水需求。加快节水技术和节水器具推广，并建立市场准入制度。加强对高耗水用户节水管理，倡导科学用水和节约用水。推广高效节水灌溉，打通农田水利“最后一公里”，全县用水总量控制在 3.2 亿 m^3 以内，万元工业增加值用水量降到 $20m^3$ 以下；农田灌溉水有效利用系数提高到 0.57 以上，公共供水管网漏损率控制在10%以内。成功创建第五批全国节水型社会建设达标县。

仙游县第二污水处理厂、湿地公园（张力　摄）

（二）做足“协同共治”大文章

凝聚思想共识、强化治水合力，仙游县采取更高的标准、更严的要求、更实的举措，推进河湖长制走深走实，持续提升河湖面貌。

一是多体系“管河”。建立区域与流域相结合的县、乡、村三级河长制工作组织体系，建立县委书记、县长担任河湖长的双河湖长组织体系。由8位副处级领导担任全县3条市级河道和10条县级河道副河长，10个县直部门为市、县级河长的联系部门，20条乡镇河道也设立了89名乡镇级河长，专门成立了一支156人的河道专管员队伍。推行县人大代表河长、政协委员河长共同开展涉河检查、调研、代表日活动等工作。同时，不断完善河湖管护社会监督体系，全县共组建12支志愿者护河队、18支巾帼护河队，聘用5名“企业河长”、6名“民间河长”、3名“校园河长”，筑牢责任墙、完善制度链、织密监管网，实现全社会共同参与管河护河。

二是立体式“巡河”。常态化开展“河长日”巡河，实行县级河长

“一月一巡河”、乡镇级河长“一周一巡河”、河道专管员“一日一巡河”及县河长制办公室“一月一通报”机制，建立巡河台账。开展移动客户端、无人机及新能源汽车巡河，运用河长综合管理系统开展线上线下同步巡河，县四套领导班子带头深入木兰溪干流和支流一线徒步巡河溯源等，着力打造“空中+地面”“人防+技防”的立体巡查体系，确保底数清、情况明，做到问题早发现、早处理，高标准高质量完成各项治理任务。

三是全方位“护河”。用心用情用力地把母亲河呵护好、保护好。坚持做到保源头、保基础，加快推进植树造林、森林经营，完成木兰溪流域内植树造林4000亩，森林抚育3900亩，封山育林8000亩。同时，持续开展巾帼护河、河长制进校园、河小禹护河等专项行动。搭建司法保障新体系，成立公检法河长制司法服务保障工作站、法官工作室、检察官工作室、生态环境巡回监察室、流域环境保护警务队等，为河湖治理提供法律咨询、司法建议、联合普法等强有力的司法服务保障，并联动开展木兰溪流域生态环保行政执法与刑事司法协作联动机制工作，实现司法保障与生态文明建设同频共振，为全面推行河湖长制筑牢绿色生态法制屏障。强化上下游跨域、跨境流域河湖保护管理工作，依托河长制工作平台发现和解决涉河涉水问题，与永春县、涵江区等兄弟县区实现跨域、跨境流域河湖管理保护协作参与。

四是全覆盖“治河”。严格落实上级“一周一巡河”督查反馈问题整改工作，2023年共收到市河长制办公室一周一巡河督办件14份共计299个问题，全部整改到位；重点对水质不达标河流进行督导，及时提醒、督办问题，全年共发出督办文件25份涉及122个问题全部完成整改；摸排并整改销号河湖“四乱”问题173个，清理整治面积约1.4万m^2，整治临河散养畜禽养殖反弹159场；通过“三个一”逐步提升河道水质，即以村（居）及末端管网为单位绘制“一张水质检测图”，购买水质检测设备建设“一间水质检测室”，培训专管员使用“一台空中巡河机”。通过水质检测结果，提供溯源排污科学依据，逐步提升河道水质；采取第三方购买服务方式，进一步推进木兰溪等流域上下游、干支流、左右岸统一打捞，破解暴雨时节木兰溪全域水葫芦、垃圾成灾局面。累计打捞水葫芦 15.1 万 m^3，清理河长 9.72 万 m，恢复水域面积 26.84 万 m^2。

五是多形式“爱河”。将河湖长制工作列入仙游县“十大专项”比武中，重点考核水质、管网建设、运维管理以及畜禽养殖整治等目标任务完成情况，落实争优、争先、争效，攻坚提升木兰溪流域水质。同时，通过在仙游电视台开展每月一期的河长制主题宣传片，推动宣传。充分运用仙游电视台、仙游今报等主流媒体和新媒体，大力宣传河湖管护治理有关政策规定。积极开展“保护木兰溪，从源头开始”“保护母亲河志愿者在行动”“保护美丽木兰溪，关爱环卫工作者”等主题巡河、护河环保志愿活动，号召全县人民身体力行维护仙游水生态，营造全社会爱河护河的浓厚氛围。同时，利用仙游水文化展示厅，吸引一些部门、社会团体、群众、学生等参观学习仙游县推进木兰溪流域系统治理的历程，意在教育、激励群众共同守护好母亲河。全县共建共治共享美丽健康幸福河湖成果形成共识。

三、经验启示

（1）区域联动、部门协同。打破条块分割的管理模式，有效克服生态治理碎片化问题，建立多部门、多层次、跨区域协同推进的工作机制，统筹各类规划、政策、资金、项目，强化部门间、地区间的协同和信息共享，做到目标统一、任务衔接、工作协同、纵向贯通、横向融合，提高木兰溪流域生态治理和修复的综合效率。

（2）问题导向、精准施策。以问题为导向实施精准治理，以任务为牵引确定具体治理方案和措施，真正做到缺什么补什么，有什么问题解决什么问题，哪里问题突出重点治理哪里，找准症结，对症下药，提升木兰溪流域生态治理和修复的针对性和有效性。

（3）因地制宜、科学治理。综合考虑地理气候、人口、产业、公共服务等自然条件、资源禀赋、环境承载和生态区位特点，遵循生态环境规律，科学布局木兰溪流域生态治理和修复项目，因地制宜优化举措，增强工作的科学性、系统性和可持续性。坚持保护优先、自然恢复为主，着力提高生态系统自我修复能力，增强生态系统稳定性，促进流域生态系统质量的整体改善。

（4）严格管理、多元保障。实行项目工作法，任务项目化、项目清单化、清单具体化，明确近期、中远期不同阶段目标任务，动态管理、挂图作战、压茬推进。充分考虑生态治理工程的复杂性和长期性，实事求是进行工程成本核算，以工程任务量决定投入量，既满足工程建设投入，也考虑后期管理、维护、更新成本，在专业化、规范化的轨道开展项目成本管理。完善木兰溪流域综合治理的投融资政策，在按照事权划分加大财政投入的同时，积极探索市场融资模式助推生态治理，形成多元主体协同共治的格局。

（5）坚定信念、久久为功。始终秉持“治理木兰溪功在当代，利在千秋”的信念，始终坚持“一张蓝图绘到底、一份规划用到底”的精神，以“功成不必在我”的境界和“功成必定有我”的担当，一任接着一任干。

治水路上，仙游从未停歇。今后，仙游县将继续践行“节水优先、空间均衡、系统治理、两手发力”的治水思路，以水为笔，治水兴水，建设幸福河湖，让仙游的生态底色越擦越亮！

“河长制+”涵江路径

【摘　要】2021年以来，涵江区涵东街道在贯彻落实木兰溪流域治理工作中，不断创新开展多种方式治理望江河，联结多方实力携手守好生态水环境底线，为河道治理取得积极成效添砖加瓦。

【关键词】党建　网格　数字　警长

【引　言】2021年以来，涵江区涵东街道深入学习贯彻习近平总书记治理木兰溪的重要理念，全面落实市委、区委关于木兰溪流域系统治理的重大决策部署。本案例介绍涵江区涵东街道以望江河流域水质提升为目标，采取“党建+河长制”“河长制+网格”“河长制+数字”“河长制+警长”等多种方式推进望江河系统治理，望江河涵东段黑臭水体全面消除，断面水质基本保持在Ⅳ类以上的主要举措、取得的成效以及相关经验启示。

一、背景情况

涵江区涵东街道位于涵江区的中心城区，人口较为密集。其主河道望江河总长约3239m，河道宽3～20m，流域面积48585m^2，共有7条望江河支流，从北向南流经涵东街道卓坡、铺尾、后度、苍然、宫下、霞徐等社区后进入木兰溪。

为深入贯彻习近平生态文明思想、习近平总书记治理木兰溪的重要理念和建设造福人民的幸福河的伟大号召，深化河长制工作，涵江区涵东街道以河长制、河长日为抓手，以木兰溪流域系统治理统揽生态文明建设，统筹保护和发展，一体推进新时代流域水安全、水资源、水环境、水生态、水文化、水经济等高质量保护与治理工作，打造了人与自然和谐共生的生态河、智慧河、幸福河，在河湖管理和保护工作上取得一定成效。

二、主要做法和取得成效

（一）“党建+河长制”，激发河道治理新活力

党建引领是把好河长制工作的“方向盘”，把好这个方向盘是实现党

建工作与河长制工作完美融合的关键。今年以来，涵东街道通过建立街道、社区两级党组织一把手担任河长的工作机制，牢牢把河长制工作纳入党组织领导体系，同时充分发挥党建工作的核心优势，强化河长制工作队伍思想建设，为河长制工作的贯彻落实夯实根基。

街道各级党组织以河长制为抓手，以群众诉求为导向，充分发挥基层党组织在河道治理的先锋示范带头作用，着力打造一套党群联动机制。通过定期组织党员干部、志愿者、河道专管员、河道保洁员等合力开展护河、巡河、宣传等活动，让广大党员干部全面掌握河道情况，对群众反映重难点问题及时组建攻坚力量进行迅速整治，形成“党组织引领、党群联动治理、群众诉求满意”的党群联动工作机制，着力打通沟通渠道，缩短反应链条，提升工作效率，确保群众满意。2023年以来，两级河长累计开展巡河549人次，共发现问题356个，开展清河行动13余场次，清理各类垃圾455m^3。同时全力配合推进水环境综合治理一期工程，目前望江河、塘头河涵东段已全部完成清淤；总管网铺设完成49.4km，完成率为89%，其中市政主管网完成9.6km，小区主管网完成35.6km，沿河截污纳管完成约4.2km。4座调蓄池已基本完成，其中4号调蓄池主体已全部完工，正在进行进出管线施工；5号、7号调蓄池已全部完工投入使用；8号调蓄池已经封顶正在建设当中。

河道治理离不开一支责任担当、能力过硬的队伍，涵东街道强化党的组织引领，把河长制工作融入各网格党支部主题党日活动中，组建一支以党员为骨干，巾帼志愿者、河道保洁员、河道专管员为主体的强力护河队伍，通过定期召开河长制工作部署会、总结会、河长制工作培训会，提升队伍的业务素质和河道管护能力，全面整合管护主体，开展形式多样的护河行动，形成既“各司其职”又“齐心协力”的河道管护模式，让护河队伍真正成为河道管护的中坚力量。

（二）“河长制＋网格”，构建河道治理新绿网

涵东街道在河道治理过程中，探索出“网格＋河长制”管理模式，将河岸纳入网格中，层层划分责任片区，并落实到具体责任人，实现三级网格联动。街道为一级网格；以社区为单位设置二级网格，社区主要负责人为责任人；河道所在区域为三级网格，责任人为网格工作人员。

一级网格负责指导基层的管理与服务等综合工作，协调重大事宜，定期深入社区听取居民的意见和建议，督促与指导下级网格责任人工作落实情况。二级网格负责做好本网格的管理与服务等综合工作，及时将各类动态情况反馈至街道相关部门与责任人，协助其解决问题，督导下级网格责任人工作落实情况，监督检查下级工作开展情况。三级网格负责巡查网格内环境卫生、防汛、河道垃圾等，将责任区内各类动态情况反馈至相关责任人。通过设置三级网格，将具体管护任务分解到社区、落实到人，使得河道沿线的环境卫生、排污口、养殖种植等问题能在第一时间内有效处理，做到每条河、每段河都有人管护，真正实现河道管护网格化，解决河道管护“最后一平米”的问题。

人大代表在巡河（图片来源：涵东街道河长制办公室）

（三）“河长制＋数字”，打造河道治理新高地

为实施河道信息化、数字化管理，涵东街道在全区率先启动河长办标准化建设，打造“智慧河长综合管理平台”，实现智能化治河、信息化管人、流程化管事。借助数字化赋能，为河长、河段长、河道专管员专门配备与平台匹配的移动客户端，巡河时点击“我要巡河”，巡河时间、

巡河轨迹便实时记录在平台上。对巡河过程中发现的问题，随时拍照上传至信息平台，实现上下联动、资源整合，推动责任落细、落小、落实，形成“发现—上报—交办—整改—反馈”的闭环工作机制，有效地补齐了人力监管存在的短板。同时在望江河、塘头河重要河段设置30个高清视频监控，安排专人轮流值班，24小时对河道重要河段、重要节点进行盯防，发现问题及时交办处理。2023年以来，通过线上线下数据比对、资源共享，街道河长、河段长和河道专管员共发现问题486个，涉及河道垃圾、沿河排污、临河养殖、种植等问题，按照所辖河段列出问题清单和责任清单，及时组织街道河长制成员单位和社区逐一落实整改，逐一销号。目前涵东街道河长制办公室正着手开发专属涵东河道监管数字化管理系统，具体包括日常巡查、河湖动态、巡查记录、督促整改等全过程监管内容，对辖区河道实行智能化管理，实现河道管理全覆盖无盲区、政令传达畅通便捷、问题处理规范高效。

涵东河道监管数字化管理系统（图片来源：涵东街道河长制办公室）

（四）“河长制＋警长”，建立河道治理新机制

涵东街道在原有河长制基础上增设警长，通过“警长＋河长制”的联动机制，形成铁腕护河新体制，持续推动河湖长制从“有名有实”向“有力有

为”转变。河道警长由涵东派出所分管领导担任，对所负责河段进行巡查，充分了解掌握负责河段及周边区域的基本情况，持续保持对水环境污染行为的严打高压态势，配合街道相关部门整治河道乱占、乱建、乱堆、乱采等“四乱”行为，确保执法单位顺利开展工作。2023年以来，累计出动警力16人次，街道执法人员34人次，整治河道“四乱”问题13处，拆除面积25m^2。强化区域防控，积极与街道河长办、水利、环保等涉水职能部门对接会商，开展河道治理专项整治行动，对辖区“散乱污”企业、“五小”行业进行整治关停，有效净化了河道环境，极大改善了河道面貌。同时主动对河段周边涉水矛盾纠纷进行排摸，搜集各类苗头性线索和预警性信息，积极参与化解工作，防止水环境问题与其他社会问题叠加发酵，引发群体性事件。开展法制宣传和河湖治理保护宣传，引导企业和群众增强遵纪守法意识，广泛动员社会各界积极参与河湖水资源保护和水环境综合治理。

三、经验启示

（一）打造“河畅、水清、岸绿、景美”的水生态环境，需要多管齐下共同治理

河道治理离不开一支责任担当、能力过硬的队伍。涵江区涵东街道调动社会各界人士加入巡河护河队伍，细化工作措施，明确责任分工，科学精准施策，积极营造齐抓共管良好氛围，推进社会各界了解、关心、支持、参与、监督河长制工作，有助于提升广大群众对河道管护的重视，为老百姓打造一个宜居宜业的美好环境。

（二）统筹推进河湖综合治理，需要牢固树立绿色高质量发展理念

促进水资源水生态水环境与社会发展相协调，积极倡导涵江区涵东街道绿色低碳生活方式，持续深化“党建引领、夯基惠民”工程，落实河长制工作，在解决排查不彻底、河道常态化管理不力、“四乱”整治不到位等问题上狠抓落实。

河湖管护“四字经”秀屿样本

【摘　要】伴随着社会经济快速发展，秀屿区笏石镇河道“四乱”、黑臭水体、妨碍河道行洪等水环境突出问题急剧凸显。为此，秀屿区笏石镇狠抓河湖长制建设，立足辖区实际情况，通过河长护河、巡河、污水治理、民间河长等体制机制创新，发动群众共同参与、共同管理、共同护河，一起改善河道面貌，共享水环境治理成效。

【关键词】河湖长制　体制　机制　创新

【引　言】全面推行河湖长制工作以来，秀屿区笏石镇建立严格河湖管护机制，强调保护水资源，改善水生态，提升区域水环境，统筹协调政府内部管护职能，明晰各职能部门之间的权责清单，创新地方治理体制机制，通过以行政区为单位，治理水域突出生态环境问题，为维护流域内河湖健康提供了强有力的制度保障。为此，本案例以秀屿区笏石镇河湖长制实施成效为例，全面分析河湖长制推行以来秀屿区笏石镇水环境治理的体制机制创新应用探索以及河长湖制治理成效。

一、背景状况

笏石镇位于秀屿中心城区，镇总面积65km^2，辖28个村（居），人口13.9万人，境内有18条河道总里程49.7km，素有“三关司马桥”“沿海头”的美称。近年来，笏石镇贯彻落实习近平总书记治理木兰溪的重要理念，全面融入市、区关于木兰溪全流域系统治理的重大部署，以“一湿十八河”为载体，创新提出“管、优、治、保”治理思路，不断做好“水文章”，打造河畅、水清、岸绿、景美的绿色生态新型城镇。

二、主要做法

笏石镇位于城区，人员流动频繁，河道周边商户聚集，群众护河意识还不强，河道管理难度大，临河种植、临河侵占问题反弹复现，加剧了城区周边流域治理难度。对此，笏石镇结合本镇特有情况，坚持问题导向，着力从四个维度出发，强化河湖治理，守护生态河湖，共建和美笏石。

（一）突出“管”，在“建章立制”上发力

一是高位统管。党政齐抓、同向用力，实行“双河长”与“领导小组＋河长办”工作机制，两级河湖长积极履职，当好管河治河的“施工队长”。二是高效协管。“河湖长＋警长”“河湖长制＋网格”双双联动、通力合作，定期召开成员单位联席会议，及时研究对策、提出建议、解决问题。三是高质督管。健全“河湖长巡查＋河长办暗访督查”机制，建立巡河提醒函、口头提询等提醒制度，设立河长举报箱、举报热线，镇纪委重点督办重大问题，织密监督网络。近年来，共交办整改问题 400 余件，整改率 100％。

土海网箱整治前后（图片来源：秀屿区笏石镇河长制办公室）

（二）突出“优”，在“秀屿绿肺”上加力

土海是莆田南洋水系的组成部分，水域面积达 1000 多亩，上接木兰溪、下排外海域，囊括笏石溪、顶社河、坝边河等多条河道，是笏石乃至秀屿水系治理的重点。一是打造美丽土海。扛牢属地责任，积极配合区政府建设土海生态湿地公园，加快推动莆田市木兰溪流域秀屿片区水系综合整治工程、PPP 项目-土海水系综合整治工程-环湖截污工程等项目，累计建成公园游览区 500 多亩、绿色步道 7km 多，完成清淤 25 万

m^3、清理水生植物约 1.3 万 m^2。二是打造文旅土海。将河道治理结合乡村旅游开发、旅游度假产业发展，逐步完善提升笏石镇土海碧水源生态农场，推出土海游船、笏石溪景观步道、顶社河生态补水等一批文化景观小品，带动两岸农业、旅游等产业长足发展，为乡村振兴助力护航。三是打造经济土海。坚持保护和开发原则，以生态带经济，以经济促生态，土海水系周边先后吸引大量房地产商，五星级酒店、万达城市广场纷纷入驻，形成中心商务区，完成土海“两秀一环”灯光夜景工程，点燃土海夜间经济，城市美好形象进一步塑造，秀屿城市品位进一步提升，真正实现了绿水青山就是金山银山。

笏石溪河道整治前后（图片来源：秀屿区笏石镇河长制办公室）

（三）突出“治”，在“综合施策”上聚力

笏石镇始终坚持“水岸同治、标本兼治”，“河、陆、空”全方位推动河道生态稳中向好。一是水域精准治理。大力推动河道清淤治污，近三年累计投入 150 万元，清淤河道、河面漂浮物 15km；持续开展河湖库“清四乱”，开展专项活动，排查整改问题，清运河道垃圾。二是陆域管控治理。常态化抓好生活污水、畜禽养殖污染、“五小”污染、农业面源污染等专项整治，推动土海与笏石溪连通工程成功列入省江河水系连通项目，完成笏石溪河道综合整治 PPP 项目和农村污水治理等多个项目，顶社河黑臭水体治理于 2018 年 6 月通过环保部、住建部联合督查，内河水质有效有质提升。三是空域监管治理。深度融入“全市一张图”，设立“互联网＋治污”“技防＋人防＋联防”电子监控平台，沿河各村设置高

清探头17颗，“无人机”辅助加密巡查，形成24小时实时监督，实现河流信息一张网，有效遏制乱扔乱弃乱排现象。

（四）突出“保”，在“常态长效”上增力

笏石镇聚焦河湖长制重点任务持续用劲，变“突击性治理”为“常态化管理”，从“一日之功”向“久久为功”升级。一是巡河护水不松懈。实施“河道专管员＋保洁员”共同清理模式，将河道保洁纳入市场化运营，提高巡河移动客户端使用频率，履行巡河监督职能，实现河道日常保洁常态化、制度化管理。近年来，镇村两级河长累计履职巡河约3000人次，巡河湖率达100％。二是资金保障不落后。将河长制经费纳入年度财政预算，优先保障河长制工作落实所需财政资金。近年来，区、镇级财政共计投入约200万元用于河道开展水源供给、截污控源、砌坡护岸等项目。三是全民参与不停步。充分发挥各条线志愿者团队和网格员优势，成立“巾帼护河”志愿队、“红领巾”护河队和“民间河长”，聘请群众义务监督员，整合全社会力量，积极引导和鼓励全民参与河道保护，共同参与治水事业。

三、经验启示

一是创新工作机制，强力推进河湖长制。党政一把手管河湖，建立区、镇、村三级河长制组织体系，各级河长由镇两委、村主干同志担任；实行河湖长述职制度，镇河长每年向区河长书面述职，进一步建立健全以党政领导负责制为核心的河湖管理保护责任体系。

二是健全考核问责，挂牌督办问题销号。建立健全河湖管理保护监督考核和责任追究制度，强化考核问责；区河长向镇河长交办问题清单，实行销号管理，坚持问题导向、目标导向，靶向精准整治。2023年整改水污染防治、“四乱”问题325件。

三是探索社会共治，推动实现“河湖长治”。充分发挥新时代文明实践队伍、笏石镇“木兰姐姐”、“河小禹”等民间河长作用，全社会参与河湖保护治理的氛围日益浓厚，河湖长制共治共建共享新格局逐步形成。

海岛治水莆田范本

【摘　要】基于水资源时空分布不均，水资源分配与区域经济发展不相匹配，岛屿缺水严重的实际，湄洲岛构建起循环“再生水”、赋能“优质水”、优化“补给水”、激活“闲散水”多管齐下的大节水格局，着力破解水资源对湄洲岛高质量发展的长期制约。

【关键词】一水多用　再生水　海岛水系

【引　言】水，是湄洲岛生态环境保护和修复的关键要素。一直以来，湄洲岛坚持把“保护好湄洲岛”重要嘱托转化为水利工作的行动自觉，着力做好“节水”“净水”“活水”“美水”文章，在实现岛上水的内循环、缓解海岛水资源短缺情况的同时，践行了生态为民理念。

一、背景情况

湄洲岛四面环海，降雨少，没有地表河流，是“只长石头不长草，海风吹着石头跑”的小岛，是福建最严重的缺水地区之一。2022 年，湄洲岛成为福建省唯一入选水利部、发展改革委、住建部等六部委评选的“典型地区再生水利用配置试点城市”。入选之后，湄洲岛立即委托福建省水利水电勘测设计研究院策划生成再生水利用配置试点建设方案，对湄洲岛污水处理厂处理后的中水蓄水池及后巷宝澜街水系上游人工湿地

湖石渫生态公园（图片来源：湄洲岛农林水局）

进行修复，配套建设出水水质监控系统，建设再生水回用管网，沿途设置智能开关和滴灌系统等，以水为脉，激活水源，一水多用，循环再生，描绘海岛水美画卷。

二、主要做法

（一）以水为脉，系统治理，循环“再生水”

一盘棋统筹推进湖石渠安全生态水系工程、农村水系连通工程、水美乡村建设等水系治理工程，深入挖掘岛内剩余水系，完善全岛水系综合治理一张图，将多余的再生水补入各水系，打造一个集公建用水、绿化用水、景观用水、旅游公厕用水、生态补水、水系循环、智慧用水的再生水配置综合体，总再生水配置规模10000m^3/d，整体构成“水内环”，让全岛的水系活起来、美起来。完善再生水水量与水质调查检测体系，结合河长综合管理平台，增设水质监测，助推全岛水系监测、再生水利用监测联动管理，完成南轴线水量监测和数据远程监测，实现再生水自身循环、自身监测、自身净化。

（二）提标技改，增量增效，赋能“优质水”

坚持分质净水，节约投资，遵循“精准治理、精准提升、成本高效”的原则，在中水湿地净化的前提下，以4套措施分需分质净水，“个性化”满足生态补水和景观、公厕、道路清洗用水，打造节约集约用水环境。开展湄洲岛污水处理厂提标改造工作，扩容提标污水处理厂，建设中水回用池，扩建后总规模达到10000m^3/d。提升治水标准，强化尾水排放管

后巷阶梯式人工湿地（图片来源：湄洲岛农林水局）

控，采用“预处理＋改良 AAO＋二沉池＋高效沉淀池＋反硝化深床滤池＋次氯酸钠消毒”处理工艺，处理后尾水执行《城镇污水处理厂污染物排放标准》（GB 18918—2002）一级 A 标准和《城市污水再生利用 景观环境用水水质》（GB/T 18921—2019）中观赏性景观环境用水中河道类水质标准的部分指标，污水处理厂将达标尾水，在中水池蓄积沉淀后输送至南部高点，通过高差自然下泄，在阶梯式人工湿地中再次净化过滤，为优质水全面赋能赋效。

（三）创新配置，全域覆盖，优化“补给水”

再生水利用通过补水轴线贯穿湄洲岛中、北、南部地区。中部轴线构建湖石渫湿地前池净化、湖石渫生态补水、入海口红树林生态补水的生态补水廊道，北部向公建单位群输水配水，兼顾沿途的市政绿化用水、旅游冲厕用水和末端的东蔡大水沟补水，南部向北埭湖、下白石渠、宝澜街湿地前池、日文坑湖等水系补水，兼顾沿途的农田灌溉、市政绿化用水和旅游冲厕用水。科学布设再生水取水点、输配线路、绿化喷头等取用设施，配备运水车辆，加大城市绿化、造林、市政杂用领域再生水利用力度，实现再生水 100％全利用、全用途、全覆盖。

（四）管网纵横，互联互通，激活“闲散水”

实施“一环一贯四横”路网提升改造项目，推进村庄污水管网建设，共建设生活污水主干管网 40 多 km，次干管网约 120km，建成污水提升泵站（含泵井、集水坑）12 座，全岛三格化粪池应建及改造户数完成率和污水管接入率全部达到 100％。推行污水收集“四水合一”，即化粪池

湄洲岛污水处理厂（图片来源：湄洲岛农林水局）

尾水、厨房水、卫生间水、洗衣水四水共收，对全岛每日产生的约5000t污水全部收集。通过转变散状化治水方式，以系统化治水、专业化治水为导向，提升湖石淉自净能力，按照Ⅳ类水质的目标管理，采用综合治理的思路，尊重自然水系、营造生态环境，实现水质目标、生态目标、运维目标。

三、经验启示

（1）优化再生水利用规划布局。根据区域水资源配置规划，结合区域水资源禀赋、水环境承载能力、发展需求等，按照就近利用、优水优用、分质用水的思路，合理规划再生水利用方式与规模，科学确定再生水生产输配设施布局，构建水质安全、稳定可靠的再生水输配系统。

（2）加强再生水利用配置管理。明确区域用水总量控制目标中再生水等非常规水源利用量目标，提出再生水利用配置方案。将再生水纳入城市供水体系。完善再生水水量与水质的调查监测统计体系，加强数据审核与运用。严格执行现行不同用途再生水水质国家标准，强化再生水生产、输配、利用全过程水质达标监测预警与应急处置，确保再生水安全利用。

（3）扩大再生水利用领域和规模。针对区域产业结构、用水类型，按照不同用途水质要求，统筹将再生水用于生态补水、绿化造林、市政杂用、农业灌溉等领域。结合岛内水系连通工程，在满足再生水水质要求条件下，扩大再生水用于河湖湿地生态补水、景观环境用水的规模。按照节水型社会建设要求，将再生水定量输配至政府机关、医院、学校、旅游服务中心等人员集中区域，提高再生水用量比例。

（4）完善再生水生产输配设施。坚持集中处理利用与分散处理利用相结合，以现有污水处理厂为基础，结合污水处理设施提标升级扩能改造，根据实际需要建设再生水生产设施，提升再生水生产能力。完善输配管网设施，扩大覆盖范围，提高输配能力。

第二章　党建引领

“党建＋河长制”莆田模式

【摘　要】绿色生态是莆田市的最大财富、最大优势、最大品牌，一以贯之强化河长制，建设幸福河湖，是落实绿色发展理念、推进生态文明建设的内在要求。本案例从幸福河湖建设出发，围绕河湖长制的内涵要义，突出党建引领幸福河湖建设的主要做法及成效，总结归纳 2018 年以来莆田市在“党建＋”河湖治理方面取得的成效，为进一步强化河湖长制，建设幸福河湖提供经验启示。
【关键词】主题党日　考核问责　项目建设　专项巡查
【引　言】党的十八大以来，莆田市在市委、市政府的领导下，沿着习近平总书记指引的方向，积极践行“节水优先、空间均衡、系统治理、两手发力”治水思路，围绕“一河一网一平台”工作要求，以木兰溪系统治理统揽生态文明建设，打造人与自然和谐共生的生态河、智慧河、幸福河，坚持绿色转型，持续巩固木兰溪生态治理成果，奋力谱写新时代高质量发展“莆田篇章”。

一、背景情况

莆田市地处福建沿海中部，依山面海。境内以木兰溪、延寿溪、萩芦溪三大流域为主，水系众多，河网密布，交相纵横，形成莆阳水系。

2018 年水利部推荐的《一张蓝图绘到底　绿色发展惠民生——福建莆田市木兰溪生态文明建设实践》成功入选中央组织部组织编选的“贯彻落实习近平新时代中国特色社会主义思想、在改革发展稳定中攻坚克难案例”丛书生态文明建设领域 30 个案例之一。2021 年，木兰溪综合治理写入《中华人民共和国国民经济和社会发展第十四个五年规划和 2035 年远景目标纲要》；木兰溪治理作为中国共产党百年奋斗历程成果，亮相中国共产党历史展览馆；木兰溪治理精神成为中国共产党精神福建谱系。莆田市河长制办公室获评全国全面推行河长制湖长制工作先进集体。2022 年，木兰溪连续三次登上中央电视台《新闻联播》，在全社会引起强烈反响。

坚持绿水青山就是金山银山理念，坚持山水林田湖草沙综合治理、系统治理、源头治理，提升江河湖泊生态保护治理能力，维护河湖健康生命，实现人水和谐共生。莆田市河湖长制工作围绕市委、市政府提出的“打造人与自然和谐共生的生态河、智慧河、幸福河”目标，以河湖长制为平台，坚持“政府主导、公众参与、社会协同”的多元管河护河模式，坚决打赢河湖管理攻坚战。

二、主要做法和取得成效

（一）传导压实责任

一是党政高位推动。莆田市建立“党委领导、政府主抓、部门联动、社会参与”的工作体系，率先实行党政双河长，增设县乡党政主官为木兰溪第一河长，亲自督导问题河道；实行河长日，将每个月20日设为河长日，创新民间河长、企业河长，在全国率先开创外企认养河道先河，规范河长常态化履职；将每月8日定为人大代表活动日，开展人大代表巡河问水工作，并联合政协委员开启河道问题监督模式。

二是创新主题党日。莆田市创新主题党日活动机制，每月围绕中心工作定主题，活动下沉到服务项目、服务群众第一线，形成支部联动、服务合力的新现象。莆田市水利局、市河长制办公室联合市水文局、城厢区水利局等多个部门，通过支部联动，每年开展“世界水日”“中国水周”等大型宣传活动。党员带头进入社区为市民举办爱水讲座，编发彩信、朋友圈公益广告，深入推行河湖长制，为推进木兰溪全流域治理工作和落实法治水利营造良好氛围，以制度化主题党日带动机关党建、非公党建共同提升。

三是优化项目建设。莆田市以项目为单位，创建了“党支部＋指挥部，推进项目加速度”模式，从木兰溪综合治理项目到细化分解的每个项目基本都成立临时党支部。围绕项目攻坚节点和难点，组建征地拆迁等党小组、党员先锋队、突击队，引导党员主动承担最复杂最繁重的任务，以木兰溪治理成效检验广大党员的初心使命。目前，全市共在项目一线成立临时党支部135个、党小组212个，在美丽莆田建设中发挥了主心骨作用。

（二）加强一线探索

一是建设全国流动党员驿站。全国流动党员驿站，是莆田市委驻京（北京）党工委在市委流动党工委的指导下，注重“留文、留魂、留脉、留白”的特色文化，精心制作的人与自然和谐共生的“生态驿站”。2019年，莆田市驻京流动党员捐资500万元植造“清源林”“思源林”，为源头青山绿水增添无限生机。驿站以为全国各地流动党员到源头开展党日活动提供方便为出发点，把源头人民的热情和温暖传递给流动党员，让他们离乡离土不离党，充分感受到“驿站之家”的温馨。

二是保障干部力量。探索建立重大项目干部力量保障机制，集结优秀党员干部参与木兰溪治理等项目，三年选派3000多名机关党员干部，积极践行习近平同志在闽工作时倡导的“四下基层”工作法（信访接待下基层、现场办公下基层、调查研究下基层、宣传党的方针政策下基层），坚持领导赴“前线”、干部下“一线”、党员上“火线”，开展住村夜访、争先创优等活动，带头爬坡过岭，示范带领广大群众积极投工投劳、主动参与木兰溪治理。

三是严把考核制度。坚持正向激励与反向约束相结合，在木兰溪治理过程中，建立了“一线考核”“巡回蹲点考核”等机制，推行“典型工作法”，开展了“十佳护河使者”“十佳担当作为好干部”等先进典型评选活动，对表现优秀、敢于担当的干部给予提拔重用，激励广大干部见贤思齐、奋发作为。同时，对工作不力、作风漂浮的干部给予调整处理。

（三）强调生态利民

一是专项巡查。莆田市委坚持以习近平新时代中国特色社会主义思想为指导，确立以木兰溪治理为主线建设美丽莆田的发展思路，推动地区生产总值持续增长、木兰溪流域治理取得新成效，成功举办全国性重大活动。省委巡视组巡视期间，重点落实党的路线方针政策、党中央重大决策部署和省委工作要求，学习贯彻习近平总书记重要讲话和重要指示批示精神，坚持高质量发展落实赶超，贯彻执行中央重大决策部署；在落实全面从严治党战略部署方面，落实主体责任，履行监督责任；在落实新时代党的组织路线方面，推动领导班子建设，严格选人用人，对干部日常监督管理到位，落实党建工作责任制。市委开展木兰溪系统治理专项巡察，市监委对有关问题发出监察建议书，纪检组同步监管，组织部常到一线考核，压紧压实河长责任部门职责。开展河湖“清四乱”等专项行动，严厉打击无证排污、超标排污、偷排漏排等违法行为。

二是资源转换。木兰溪、萩芦溪重点流域水质功能达标率稳定达100%，城市空气环境质量多年居全省前列，森林覆盖率达60.18%，荣获“国家园林城市”“国家森林城市”，创成“全国水生态文明城市”。将生态绿色发展落实到高素质产业体系上，坚持经济社会发展和生态环境保护协同共进。坚持绿色发展，把好入门关，优先发展十大产业，抓龙头、抓平台、抓品牌，提升产业链水平，打好产业基础高级化、产业链现代化的攻坚战。

三是人水和谐。落实高品质城乡建设，以治理好、修复好生态环境为契机，建设好沿江、沿溪两岸城乡，按照低碳、低消耗的理念来做，作为乡村振兴的典范来打造，带动全市的城乡发展。立足荔林水乡地域特色，依托发达的南北洋水系和65km^2的生态绿心，优化空间布局，做足山水文章，打造宜居宜业宜游城市。同时，把以人为本落实到高指数民生幸福上，以“为民治水”为宗旨，推动实现“变害为利、造福人民”的目标，树牢以人民为中心的发展理念，加快补齐民生短板，让群众有更多获得感。

三、经验启示

河湖长制的全面贯彻和强化，能够有效提高水生态环境质量，有效降低或避免河流污染现象。“党建＋河湖长制”在实际落实过程中，需要以科学发展作为生态环境建设的基本理念，全面融合预防和保护等基本形式，借助地方政府的作用，积极引导全社会投入到河湖生态环境保护工作中。在确保人与自然能够和谐相处的同时，促进经济发展与河湖资源之间实现彼此的相互平衡。

各级党委、政府及各相关部门要加强组织领导，通过有效沟通衔接，协同配合，形成工作合力，充分发挥河湖长制的优势，进一步加强技术力量，切实保障河湖长制工作有序推进。充分利用多种渠道发挥河湖长制的作用，提高生态环境建设质量。对现有的河湖管理模式进行完善，发挥党组织管水、党员治水优势，持续深入推进河湖长制工作与时俱进，将河湖长制的优势发挥出来，逐步营造良好的水生态环境建设氛围。

总之，河湖长制的实施，是一种制度创新，要想将河湖长制的作用充分发挥出来，还需要不断强化党政组织领导，遵循因地制宜原则。只有通过多元化渠道，发挥河湖长制的优势，才能够最大限度地提升生态环境建设质量。

河长制党支部仙游样板

【摘　要】近年来，榜头镇党委坚持“用党建带河长制，以河长制促党建”工作思路，以“党建引领、安全为要、生态优先、全域治理”为抓手，积极探索“党建＋河长制”治理新模式，把基层党组织建设与木兰溪流域治理深度融合，以实际行动践行习近平生态文明思想，形成了“组织引领、党员示范、群众参与”全民共建共治共享的河流治理新格局，仙水溪水质稳定保持在国家地表水环境质量Ⅱ类标准以上，获评市级幸福河湖建设示范段，擘画了一幅河畅、水清、岸绿、景美、人和的生态文明新画卷。

【关键词】党建引领　水生态修复　河湖长制

【引　言】榜头镇作为仙游县的重要区域，拥有木兰溪、仙水溪等丰富的水资源，其中官杜陂作为古代引水工程的瑰宝，见证了千年的水利智慧。近年来，面对水环境治理的严峻挑战，榜头镇党委政府积极响应省委号召，将木兰溪流域水质提升作为政治任务，通过构建党建引领的责任体系、强化智慧治水手段、实施河道综合整治及探索长效管理机制，全面推动河湖治理工作。本案例旨在介绍榜头镇在河道治理中的主要做法、成效及经验启示，为其他地区提供可借鉴的治水之道。

一、背景情况

榜头镇现有市级河道1条（木兰溪）、县级河道1条（仙水溪）、镇级河道2条（星潭溪、佛公溪），市县镇级河道全长42.78km。官杜陂是仙游县最大的古代引水工程，建于宋淳祐二年（1242年），位于榜头镇赤荷村溪口，截引木兰溪支流仙水溪水源，集雨面积180km^2，原为官、杜两陂，官陂居上，杜陂居下，两渠相距150m，共长13.6km，有效灌溉面积10621亩。

近年来，榜头镇高度重视木兰溪流域系统治理工作，围绕木兰溪流域水质提升攻坚行动决策部署要求，多次召开专题会议进行部署研究，将木兰溪流域水质提升攻坚行动作为政治任务，制定整改方案，推进辖区内的木兰溪流域水质得到有效提升，仙水溪水质稳定保持在国家地表水环境质量Ⅱ类标准以上，木兰溪榜头段水质保持在Ⅲ类。

草清水蓝（朱福忠 摄）

二、主要做法

（一）坚持“党”字强引领，构建一套责任体系

把榜头镇河长制办公室党支部建在河上，建立“支部建在一线、党员冲在一线、考核重在一线”等机制，充分加强党的基层组织在河长制工作中的政治引领作用，实现基层党建与河长制工作相互融合、相互促进。标准化建设河长制办公室，通过凝聚党建合力，进一步巩固河长体系，并把每周六设为河道保洁日，组织全镇河道专管员集中进行一次河道保洁及清障工作。榜头镇连续4年荣获县年度考评优秀等次。

榜头镇党委始终秉持“绿水青山就是金山银山”的发展理念，把生态河湖治理作为乡村基层工作的重点之一，坚持党建引领，加强统筹谋划。按照党政主导、分级负责的原则，制定出台榜头镇党组织书记抓基层党建与河长制“双提升”工作责任制，明晰职能职责、任务清单，通过镇党委书记及各村（居）党组织书记亲自抓、合力抓，河长带头巡河治河，全面落实镇村“二级河长三级治理”专项责任，压实党组织“领头雁”职责。同时，充分发挥考核指挥棒作用，启动河长制问责机制，对各河段党组织的保护管理工作进行红黄牌警示督办，倒逼各方尽责，对河道管理示范段进行挂牌，让先进党员有荣誉、让后进党员有压力，有效激发广大党员干事创业的积极性和主动性，推动河长制工作从“有名”到“有实”，从“全面建立”到“全面见效”。

2024年以来，榜头镇开展巡河100余次，对所有河道进行全面排查，摸清河道问题底数，并依据排查的问题清单，按照先急后缓、先重后轻原则，列出整治清单、措施清单，为后期实施河道综合整治奠定坚实的基础。同时，广大党员干部以身作则，积极组织开展志愿者活动，清理河道，制止乱排乱放，加强“河长制”知识宣传等，坚持“用党建带河长制，以河长制促党建”，切实发挥党组织的战斗堡垒作用和党员的先锋带头作用，推进河道治理深入开展。

看山看水看榜头（张颖　摄）

（二）突出“严”字抓落实，发挥“两把利剑”作用

榜头镇聘用专职河道专管员16人，负责全镇所辖河道的日常巡查、涉河工程管护、水域保护知识普及、群众宣传引导等工作，同时充分运用网络技术，依托高清视频监控系统及巡河移动客户端建立“电子河长”，开展线上线下同步巡河，充分发挥人工与智能两把“利剑”作用，实现巡查常态化、电子化，开启“智慧治水”新模式。目前，累计投资200多万元，在木兰溪榜头段和仙水溪流域沿线安装视频监控206个，搭建数据网络采集、传输监控画面，设置视频监控管理中心，实现24小时远程监控、指挥，将河道日常巡查轨道纳入数字系统，实现“一河一档、一河一策”网格化管理，为快速发现河道问题、有效打击涉河违法行为提供技术支撑，确保水环境综合治理效果。

（三）抓住“治”字补短板，河道整治显成效

榜头镇辖区内河道众多，涉及39个自然村，同时河道紧邻村庄，水

体污染隐患大，治理难度较大，河长制办公室党支部深入查找河道治理薄弱环节，加快补齐短板，积极组织党员、发动群众和志愿者参与到清淤除障治理、岸线景观整治、清水活水等行动中来。

在镇级河长的带领下，16 名河道专管员根据镇河长制办公室下发的以及自排的问题清单，积极落实整改工作。开展巡河活动以来，榜头镇切实找准症结，大力整治，积极开展“水质提升攻坚月”行动，党政主官分别带队各包片领导针对各自村（居），特别是针对官杜陂，徒步排查排污口、排污源，发现问题和薄弱环节现场办公协调解决，推动整治工作。自 2022 年 5 月 18 日以来官杜陂水质已消除劣Ⅴ类，保持在Ⅴ类及以上。

榜头镇通过一系列举措有效改善了辖区水环境和河道周边生态环境，达到了“河畅、水清、岸绿、景美”的目标，取得了良好的成效。

仙水溪两岸（张杰山　摄）

（四）落实“效”字促常态，探索“五长共治”新机制

本着标本兼治、着眼长远的工作原则，党支部强化工作经验总结，探索建立河道管理长效工作机制，不断巩固提升河道整治成果，持续深入开展河道综合整治，防止问题反弹。

加强日常巡查监督管理力度，做到常态长效；加强河道巡查保洁，随时清理和维护河道环境卫生；公开监督电话，鼓励公众参与监督，把社会监督与河道保洁有机结合起来；开展好河道整治宣传工作，动员更多党员、群众、志愿者加入治水、保水、护水行动中来。榜头镇正在成立仙游县榜头镇河湖保护协会，重新筛选企业河长、民间河长，积极探索“基层河长＋民间河长＋企业河长＋警务河长＋网格河长”的“五长共治”机制，共同营造一个和谐优美的水生态环境，真正打好“河道长治久清”持久战。

三、经验启示

（1）政府强有力的推动和主导是确保河湖治理成效、实现水环境持续提升的重要支撑和必要保障。榜头镇之所以能实现全域管理的井然有序，极为重要的一点，就在于镇党委政府狠下决心，强有力地持续推动。当前，水环境问题是榜头镇生态环境高质量发展中亟待解决的突出短板，全镇河湖治理已进入滚石上山、爬坡过坎的关键阶段，党政和河长要坚决扛起治水主体责任，既要看到水环境治理的艰巨性和长期性，更要坚定敢打必胜的信心，拿出破釜沉舟的决心，主持、主导、主抓各项治水工作，做实做细，攻坚克难，扎实推动河湖长制工作落地见效，水环境质量才能持续提升，并实现质的改观。

（2）突出主要矛盾，以问题为导向，全面系统整治是确保河湖治理成效始终要把握的重要原则。榜头镇在河长制管理中，牢牢抓住影响全局的主要矛盾，突出主要问题，综合施策，在幸福河湖建设、河道保洁、畜禽养殖、“清四乱”、污水管网建设等方面狠下功夫。在河湖治理工作中，突出控源截污和水系连通两大关键，兼顾清淤疏浚、生态修复、调水引流等措施，标本兼治，系统治理，着力解决污水管网雨污分流、排水区达标等棘难问题，创新管理体制机制，切实实现河湖水环境的根本改善。

（3）全面动员，全民参与，长效管理是实现河湖长治久洁的必然要求。通过建立“河长制”，把河湖管理与保护所涉及的多个地区、部门和单位的力量整合起来，协调一致，形成合力，较好地解决了相互推诿、扯皮、掣肘的问题，提高了河湖管理与保护的效率和效益。榜头镇党委政府持之以恒地广泛宣传、全面动员，同时各类执法人员坚守一线，认真履行职责，引导群众从被动到主动，从不自觉到自觉地改变，从而实现了生态环境的蜕变。河湖环境管护既要系统地治，更要长效地管，既要建立长效管护机制、优选管理队伍，落实管护资金，严格督查考核，又要广泛宣传，全面动员，发动社会力量参与到治水管水护水行动中来，依靠群众去发现河道治理中的问题，实时接受群众对河湖治理的监督、评价。

“党建＋河长制”写就
“源头水文章”

【摘　要】 近年来，西苑乡党委、政府深入学习贯彻习近平总书记治理木兰溪的重要理念，高度重视对木兰溪源头的保护与发展，在木兰溪源头创新开展“源党建”，将党建工作与木兰溪源头保护、脱贫攻坚、乡村振兴等相结合，充分发挥党建引领作用，凝心聚力，有效推动生态环境保护及集体经济、产业、乡村教育等方面和谐发展，打开新思路，开创新局面，使木兰溪源生机勃发，引来乡村振兴不歇的源动力。

【关键词】 源党建　源头文章　河湖长制

【引　言】 木兰溪为福建省“五江一溪”之一，发源于戴云山脉。近年来，木兰溪综合治理诠释了习近平生态文明思想，为当代治水提供了成功经验。2017 年木兰溪获评“全国十大最美家乡河”，2019 年，西苑乡木兰溪源环境教育基地正式对外开放，如何保护源头活水，撰写源头文章是西苑乡近年来的工作重点。

一、背景情况

木兰溪，莆仙人民的母亲河，千百年来生生不息，哺育着一代代兴化儿女。她的源头，位于仙游县西苑乡仙西村黄坑头。

仙西村与西苑乡仙山村、仙东村合称仙游山，组成木兰溪的源头村落。仙游山生态资源丰富，却因地势偏僻山高路远而发展受限。近年来，西苑乡党委、政府深入学习贯彻习近平总书记治理木兰溪的重要理念，高度重视对木兰溪源头的保护与发展，在木兰溪源头创新开展“源党建”，将党建工作与木兰溪源头保护、脱贫攻坚、乡村振兴等相结合，充分发挥党建引领作用，凝心聚力，有效推动生态环境保护及集体经济、产业、乡村教育等方面和谐发展，打开新思路，开创新局面，使木兰溪源打破局限重获新生，引来乡村振兴不歇的源动力。

二、主要做法

（一）思源，党建红领航溪源绿

木兰溪源头海拔883.8m，山地森林生态系统完善，野生动植物资源丰富、种类众多，其中国家一、二级保护野生动植物49种，国际自然保护联盟的野生动物物种13种。

木兰溪源（张力 摄）

盛夏时节，木兰溪源山明朗，水潺潺，空气清，漫山遍野都是翠色盈盈，隔绝了闹市的燥热和喧嚣，恍如世外桃源。从被确定为“木兰溪源”以来，周末常能在此看到跋山涉水慕名而来的四方游客。

木兰溪源如今这般岁月静好，倾注了各级党委、政府经年累月的悉心呵护。2012年12月，环绕木兰溪源头30多万亩常绿阔叶林，被省政府划定为木兰溪源省级自然保护区，涉及西苑、石苍、社硎、菜溪等4个乡镇20个建制村，主要保护森林生态系统及珍稀濒危野生动植物资源，成为野生生物栖息繁衍“快乐家园”。

为唤起人们的环保意识，更为自觉地保护母亲河，木兰溪源环境教育基地在2019年世界环境日正式向公众开放。该基地建有三层，建筑面积700多m^2，设有木兰溪全流域系统治理实践成果展厅、生物多样性标本展示厅、多媒体教室和办公区等，全景式再现了木兰溪从古至今的治理成效，特别是对20多年来木兰溪防洪治理、生态治理、文化景观治理、全流域系统治理的成果进行了梳理。

饮水思源，不忘党恩。木兰溪源环境教育基地充分发挥作用，为全市开展木兰溪环境保护教育添砖加瓦。作为木兰溪源头所在村落，仙西村、仙山村和仙东村党支部积极组织党员干部群众到基地参观学习，并结合主题党日活动，引导源头广大干部群众，开展保护木兰溪源头志愿服务活动，清洁家园、植树造林，保护母亲河。

在木兰溪源头，“保护母亲河”环保教育的载体也逐步增多。“饮水思源、不忘初心”木兰溪源生态主题公园、“源党建”等项目有序推进，做深做细“饮水思源”文化，为源头增添亮丽的色彩，进一步培植市民的保护意识。园内投资约47万元修建的清源湖拦河坝工程以及4个休息亭，目前也已经竣工；莆田市巾帼服务驿站、全国流动党员驿站竣工开放。

莆田市驻京流动党工委组织党员企业，分别于2012年捐款100万元栽种约2.4hm^2“清源林”；2019年2月，在市委组织部、流动党工委的组织下，驻京党工委及下辖各党支部班子成员40多人来到仙西村回访“清源林”。莆田市委驻京党工委副书记、北京福建总商会会长陈春玖率先捐款100万元，众人纷纷响应，最终筹集500万元种植“思源林”，为木兰溪源生态文化增添无限生机。他们还参与木兰溪源自然生态环境保护，建立全国流动党员驿站，助力打造木兰溪源人与自然和谐共生的生态公园。

（二）护源，铸造木兰环保铁军

成立党员志愿队伍、组建巾帼者志愿队伍……木兰溪“源党建”激发党支部活力，党员们争当“领头羊”。

守住一个源头，方得一方净土。西苑乡践行“护水必先护山”理念，大力推进源头植树造林、封山育林、管林护林，实现森林资源全覆盖管护。推进“七位一体”共管共治落实河长制，成立河道巡查网格队伍，即各河段长、包村工作队、河道专管员、护林员、村干部、党员服务队、巾帼志愿者七个群体齐抓共管，并出台相应奖惩措施，及时发现问题，及时落实整改。同时，坚持强执法、动真格、“零容忍”重拳整治污染源，2019年以来，累计关闭拆除畜禽养殖场3户，面积为34413m^2，整治牛蛙养殖场2处，整治“活人墓”3处。全面实施厕所革命，重点治理农村生活污水，2017年以来，建设三格式化粪池430户、公厕5座；2017年建成仙西小型污水处理站1座，配套污水管网1.7km。

仙西村党支部成立党员志愿者队伍，与仙西村两委共同守护木兰溪源。此外，该支部还成立了巾帼志愿者驿站，积极加入市妇联牵头组建的巾帼者志愿队伍，负责木兰溪源环境教育基地的卫生清洁、保护木兰溪源宣传、防火及源头公共卫生清理等志愿服务。

除志愿者外，守护木兰溪源的环保铁军还有护林员。59 岁的戴新良是仙西村的护林员，1997 年入党，从村干部到护林员，始终坚守护林岗位，巡山护林护水。目前，仙西村共有三名护林员，他们每天都要巡山，特别是在清明节、冬至节、久旱无雨等防火期，不仅要每天巡山，还要带着小喇叭挨家挨户宣传防火护林，如果发现异常情况，他们都会马上到现场查看，几乎全年无休，时刻守护着木兰溪源。

“护源”护的不仅仅是源头生态环境，还有安居源头的老百姓。新冠疫情暴发，仙游山的党员们更是冲在前头，守护源头百姓。疫情期间，仙西村带头开设临时便民服务超市，为仙游山三个行政村村民到平原集镇区连锁超市统一购买食物和生活用品，还按照超市购进价降低 10%的物价给村民优惠，并组建党员志愿队，为村民免费送货上门，极大便利了源头百姓。

（三）培源，绿色发展孕育沃土

聚焦民生实事，回应群众期盼，大力发展生态产业扶贫，为源党建孕育丰厚土壤。仙西村党支部作为源头核心党支部，以实的举措确保主题教育取得让群众看得见的具体成效。仙西村党支部以实施土地流转为契机，对村里闲置、抛荒土地进行重新利用，成立仙西兴茂蔬菜种植专业合作社，流转土地 416 亩，结合精准扶贫工作，因地制宜发展特色农业，打造生态蔬菜产业扶贫基地。

仙西村 400 余亩生态蔬菜产业扶贫基地主要生产荷兰豆、花菜、玉米、甜豆、包菜等时令蔬菜 10 余种，带动解决周边 60 余户村民的就业问题，村民通过土地流转租金收入和基地就业等方式实现增收，土地流转每年租金 16640 元。

抓产业强支撑，稳脱贫有保障。仙西村党支部组织党员干部重点走访慰问困难家庭、病灾户、老党员、老干部、五保户、上访老户、孤寡老人、留守儿童等群体，切实解决特殊群体的现实问题，不断提升群众的幸福指数。目前，仙西村集体经济收入 53415 元，来源于 17805 亩生态林每亩 3 元的管护费。

不仅如此，仙山村也积极培育生态农业扶贫基地，鼓励村民返乡创办生态农业食用菌产业园，充分发挥优越的生态优势，发展生态农业，解决常住村民就业问题，巩固产业促增收。

（四）促源，以点带面绘就新景

“源党建”以仙西村为中心，带动仙山村和仙东村“连带发展”。仙西村投资近60万元，修缮各自然村道路、养护自然村公路、建设小型污水处理厂、建设配套污水管网等民生工程；完成公益性事业新装路灯工程，点亮源头三个山村的夜幕；启动仙东新村项目，解决无房户村民居住问题；建设便民服务中心和老人活动中心，丰富村民文化娱乐生活……以点带面绘就乡村发展新画卷。

随着源头关注度的大大提升，深居源头的仙游山百姓也深受福泽。近年来，源头各项民生事业，特别是教育得到了外界的很多关心和帮助。仙东小学是位于木兰溪源的一所学校，共有60多名学生，这些学生绝大部分是留守儿童。2019年年底，一集团捐献20万元，用于该校爱心食堂建设和爱心午餐供应。另一莆田商会也为该校爱心午餐供应捐献6万元。目前，爱心食堂已完成硬件改造、设备采购，尚有爱心捐款近12万元，预计可为学生们提供250天的爱心午餐。

谈起最大喜事，源头百姓们一致认为是仙游山通往县城的道路拓宽。村民们对此特别感激，称赞此举为“修建幸福宽路”。本来崎岖狭窄的单车道已拓宽为双车道，车辆通行避让较先前条件有了极大的改善，安全性也大大提高。此路从仙山村修至仙竹村路口，总长12.6km，原先道路宽4.5m，拓宽后变成6.5m，2021年已完成全部硬化。

“源党建”凝心聚力，圆了源头百姓数代人的修路梦，为源头乡村振兴带来了强大的源动力。如今的木兰溪源绿水青山总相宜，百姓安居乐享生态红利。

三、经验启示

充分发挥党建引领作用，继续坚定不移走“绿水青山就是金山银山”的绿色生态发展之路，用“源党建”思路撰写“源头文章”，要做到三个坚决。

（1）坚决强化思想引领。以习近平总书记治理木兰溪的重要理念为指引，落实好中央、省委、市委、县委的决策部署，统一思想，凝聚共识，提高政治站位，落实工作责任，全力打造生态文明的西苑样本。

（2）坚决实施系统治理。以水生态文明建设为着力点，统筹推进木兰溪流域系统治理，保持畜禽养殖和墓地整治力度不减，深化农村人居环境综合整治，植树造林，涵养好水源，不断推进水治理体系和治理能力现代化。

（3）坚决全面精准施策。坚持规划引领，产城融合，结合乡村振兴、美丽乡村工作，编制策划好总体发展规划，推广木兰溪源环境教育基地和“饮水思源 不忘党恩”主题生态公园，打造源头绿色文旅经典线路，建成木兰溪源头靓丽的生态带、经济带、乡村振兴带。

“基层党建＋河长制”的城厢实践

【摘　要】近年来，霞林街道深入贯彻落实习近平生态文明思想和习近平总书记治理木兰溪的重要理念，不断创新河湖治理模式，提高公众参与度，将民间河长作为河长体系的必要补充，设立“党员河长”等民间河长，创造便利条件，积极推动民间河长履职。

【关键词】河长制　党员河长　河道管护

【引　言】为进一步加强党建引领河长制工作，共筑河湖防护网，积极发挥基层党组织的引领作用，霞林街道各基层支部积极发挥党员示范带头作用，积极组织党员带头开展河长制系列活动。

一、背景情况

近年来，霞林街道坚决贯彻习近平生态文明思想，高度重视木兰溪流域系统治理工作，始终把木兰溪流域治理作为一项政治任务来抓，把实施“党建＋河长制”作为推动河长制工作的重要内容，通过聘请党员河长方式，让党员参与到河道管护工作中，充分发挥党员的先锋模范和基层支部的战斗堡垒作用，按照市、区河长制工作部署要求，认真落实主体责任，强化制度建设，全力抓好辖区河道水质提升，为打造河畅、水清、岸绿、景美、宜居的新霞林做贡献。

二、主要做法

（一）发挥党员河长积极性，强化宣传引导，不断提升群众对河长制工作的知晓率

开展党员志愿活动，宣传引导全民参与爱河护河。2023年以来，霞林街道机关党支部、河长办、团工委、文明办、妇联、退役军人服务站联合组织了8场志愿活动，通过志愿活动，激发全体党员干部主动担当作为，持续提升干事创业、奋发有为的精气神，先锋模范冲在前，为推进

木兰溪全流域系统治理添砖加瓦。通过党员河长进学校、进社区的广泛宣传，让更多的党员和志愿者加入保护河道和水质提升行动中来，增强了党员的爱心和社会责任感，同时密切了党群关系，让更多的群众参与河道治理，积极支持河长制工作的开展。

霞林街道组织党员开展“爱护母亲河”环保志愿活动（图片来源：霞林街道河长制办公室）

霞林街道组织党员清理木兰陂公园周边卫生
（图片来源：霞林街道河长制办公室）

（二）发挥党员河长能动性，落实责任制，不断提升河道管护的能力

河道管护和巡查问题整改是河长制工作的核心，也是河长制工作的痛点和难点。街道成立以各个党员河长为组长的护河志愿者分队，分别负责岸堤和绿化带的卫生清理，实行小问题自己改、大问题及时上报的机制，志愿者们以身作则，积极劝阻和制止破坏河道环境的不文明行为，在河道日常管护和巡查问题整改上积极配合街道环卫，清理河道沿岸的白色垃圾、烟头杂草。2022 年以来开展河面清洁、河岸清乱行动，重点围绕辖区内 7 条河道河面清理打捞各类漂浮物，清除河岸各类垃圾，对违法违规现象进行全面整治。

霞林街道组织党员沿木兰溪河岸进行巡河并清洁沿岸卫生、清除杂草
（图片来源：霞林街道河长制办公室）

（三）发挥党员河长的监督作用，进一步拓展街道河道管护力量

霞林街道为了更好地发挥监督作用，按河道所在地配齐党员河长，充分利用河长生活在河边或工作在河边“开门见河”等便利优势，每天监督河道的清洁状况，发现问题第一时间解决和管理。全域共聘请 9 名“党员河长”，做到河道全覆盖，按照“就近、有效、长效”的原则监督河道治理，成为河道巡查的有力补充。进一步完善党员河长巡河护河机制，把党员河长作用的发挥纳入社区、村居工作考评内容，及时通报反

馈巡河发现问题，形成问题发现、整改、反馈的良性循环，进一步织密辖区河道管护网络，提升群众满意度。

三、经验启示

（一）党建引领，干群一心

行政河长与党员河长共同巡河，充分发挥基层党组织的“领头雁”作用和党员的先锋模范作用，构建起党建与河长制建设“双共建”体系，推动全体干群一心，共同参与河湖管护，以实际行动来实现“河畅、水清、岸绿、景美”的工作目标。

（二）深入群众，学以致用

通过设置河长制学习宣传角，发放宣传资料，带领党员共同学习爱水、护水、节水知识，并在群众中开展宣传教育活动，普及河长制及相关法律法规，引导大家自觉践行爱河护水行动，营造人人都是民间河长的积极参与氛围。

（三）身体力行，率先垂范

试点先行，以点带面，引导其他党组织开展巡河清洁活动，组织党员干部共同参与河长制，带动辖区群众参与的积极性，增强群众保护水环境的意识，逐步形成全社会共同关心河道环境整治、建设生态文明的良好氛围。

第三章　履职尽责

莆田市首创“河长日”品牌

【摘　要】“晒出”一线巡河履职情况，在治水项目及效果上“比学赶超”，对河湖问题进行督导……自 2018 年 5 月福建省莆田市委、市政府将每个月的 20 日定为“河长日”以来，“河长日”活动已成为莆田市河湖长每月履职尽责，管护盛水的“盆”和盆中的“水”，动真碰硬推进河湖长制“明察暗访”等工作的常规动作。截至目前，莆田市已开展市级“河长日”活动 70 余次，扎实打造走在全省前列、具有莆田特色的河湖长制工作模式，莆田市河湖长制工作从“有名”向“有实”转变。

【关键词】河长履职　河湖长制　河长日

【引　言】莆田市在创新推进实施河长制的过程中首创“河长日”。自 2014 年 12 月通过河长制实施方案，2017 年全面推行河长制，莆田市不断创新河长制实施机制体制，形成具有莆田特色的河湖长制工作模式。实践证明，“河长制”不仅能解决复杂水问题、维护河湖健康，更能带动绿色发展、推进生态文明建设。因此，莆田顺势而为，于 2018 年印发《关于召开河湖长制现场观摩会的通知》，以正式文件形式确定每月 20 日为莆田市“河长日”，以此为抓手推动河湖长制工作向纵深发展，进一步调动各级河长发现问题、上报问题、监督问题的积极性。同时，在全国首创“河长日”，有助于进一步打响河湖长制品牌，高质量推动莆田市河湖长制工作迭代升级，强化河长履职担当，提升全民治水护水的氛围。

一、背景情况

2018 年 5 月 18—19 日，党中央召开全国生态环境保护大会，正式确立习近平生态文明思想。群众对优美生态环境的需要进一步增长，热切期盼加快提高生态环境质量。提供更多优质生态产品，让城市“高颜值”与经济“高价值”相得益彰，成为我们的奋斗目标和使命所在。为第一时间贯彻落实习近平生态文明思想，莆田市研究决定，从该年度 5 月起，将每个月 20 日（节假日顺延）设为“莆田市河长日”，在全市开展河湖长制观摩活动，进一步固定河长集中履职日期，让各级河长牢记嘱托、挑起重担、下沉基层，切实担任管河治河护河的“施工队长”，一线常态履职、项目比学、问题督导，推动全市河湖长制工作从“有名有责”向“有能有效”转变，建设造福人民的幸福河湖。

二、主要做法

（一）见河长，促履职造氛围

一路走，一路看，一路评……“河长日”当天，市级河长亲自参与、挂帅出征，带领全市各级河长开展巡河，现场办公，解决问题。据悉，“河长日”启动以来，莆田市已开展市级“河长日”活动70余次，市委、市政府负责同志深入基层一线，实地了解河湖长制工作成效和水生态文明建设等情况，为全市各级河长巡河履职起到了带头作用。

“河长日”的设立，有效固定了全市河长集中履职日期，让各级河长谨记职责，挑起担子，扑下身子，切实担负管河治河职责，常态化履职尽责，推动莆田市河湖长制工作向纵深发展，努力为建设美丽中国提供生动范本。在实际工作中，各级河长努力当好管河治河“施工队长”，坚持目标导向、问题导向、结果导向，持续“用双脚丈量河流”，常态化开展明察暗访，在工作推进中“挂图施工”，抓好河湖管理整治工作，压实责任，补齐短板，堵塞漏洞，营造出比学赶超、争先进位的良好氛围。

（二）观现场，树典型做示范

“河长日”的设立，为全市各级河长、河长制办公室及成员单位搭建了“课堂”。每逢“河长日”，各个县区都要轮流“坐庄”，召开一场河湖长制现场观摩促进会，由市河长带头，听取该地河长述职，学习观摩该县区河长制办公室规范化能力建设、示范河道、示范项目现场……。在“课堂”上，大家比学赶超、互学互补，拓宽了视野，碰撞了思想，催发了动力。

2024年2月，城厢区Ⅰ～Ⅲ类断面水质占比排名在全市靠后。上过“河长日”这堂“课”后，城厢区多管齐下，以东圳水库综合治理为抓手，绘好东圳库区、内河流域、木兰溪流域及汇水支流“三张作战图”，取得了明显成效，切实扭转了落后局面。3月，城厢区Ⅰ～Ⅲ类断面水质占比在莆田市水质考核县区排名中位居前列。

仙游县创新木兰溪流域生态公益诉讼和规模化养殖场电子化监管，实现环境监管从“人防”向“人防＋技防”的转变；荔城区以省级综合治水试验县为抓手，综合开展南北洋河道治理工程；涵江区创新“一二三”水质攻坚模式，成立一支党员突击队，建立每日早调度、晚汇报“两会”制度，实行日常巡查、工作督查、责任倒查“三查”机制；秀屿区探索“全民动员发动、全程科学指导、全域综合治理、全面生态补水”治水新模式；湄洲岛大力实施“截水、引水、活水、净水”四大工程；北岸创新“专职管理员＋日常保洁员＋义务监督员”的“三员治河”模式，扎实做好河道日常管理工作……在每个月的“河长日”擂台上，各县区（管委会）尽展风采、树典型，因地制宜，探索出了适合本地区发展的治水经验和做法。

（三）找短板，摆问题明方向

成绩十分显著，但问题也不容忽视。在每一次河湖长制现场观摩促进会上，都有一个重要看点，就是摆问题、抓整改、明方向，现场通报近阶段河湖长制工作开展情况，推动各级河长真正提高重视程度，掌握河道问题，清醒看到各县区重视程度的不均衡，投入机制的不均衡，涉河问题整改力度的不均衡，污水主次干管网建设进度的不均衡，部门之间、上下之间、区域之间联动执法合力的不均衡，协调落实整改。

如今，“河长日”已经成为莆田市河湖长制工作中的一个重要日子，每到这一天，全市各级河长都行动起来，就连网格员也加入进来。网格员活跃在巡河一线，一旦发现水环境问题，就马上通过手机采集，上传到网格信息平台，并上报给镇街网格（综治）中心，然后由相关部门组织清理。

此外，仙游县还利用莆田市每个月的“河长日”，将每月1日和15日定为“全县河道保洁日”，由各级河长组织开展辖区河道保洁行动，引导社会各界人士广泛参与河道整治。荔城区黄石镇将每月的第二个周末定为镇“河长日”，每个村组织40多人，开展千人集中实践活动，对辖区内河道和涉及水质提升问题进行巡查、整改。

三、经验启示

（1）深化责任落实。发挥河长制办公室统筹协调作用，认真组织“河长日”河长巡河活动，推动各级河长履行管河治河职责，增强各级河长的责任意识、担当意识，积极谋划，主动作为，切实担负起河湖管理保护的主体责任，真正做到守河有责、守河担责、守河尽责。

（2）深化机制创新。加快数字木兰溪建设，实现河湖长制工作与人工智能、大数据、互联网有机融合。健全无人机巡河机制，推行天地结合、人机结合巡河新模式，全方位高效排查涉河问题。创新河湖长制市场化、社会化等机制体制，提高河湖管护效率。

（3）深化监督考核。加大巡查暗访力度，落实“问题排查、制定方案、限期整改、定期销号”闭环治理体系。持续开展水质“一月一监测一排名一通报”，每月公布监测结果，“倒逼”水质提升。

河长制办公室规范运转莆田模式

【摘　要】 近年来，莆田市立足河湖长制工作实际，通过打造“一个体系落实、一支队伍推进、一套制度保障、一张蓝图管河、一条轨迹管人、一个标准管事、用好一面文化墙、建好一条文化廊、做好一个文化中心”的“九个一”模式，持续推进莆田市河长制办公室标准化建设工作，逐步夯实河湖长制工作战斗堡垒，提升管河治河护河工作战斗力。目前，莆田市河长制办公室标准化建设已全面完成，进一步规范了河长制办公室履职行为，强化了履职效能。

【关键词】 河长制办公室　标准化　运行

【引　言】 2017年元旦，习近平总书记发表新年贺词，明确提出“每条河流要有‘河长’了”。号令即出，动若风发，莆田市治水历程开启了“全面推行河长制”篇章。几年过去，莆田市河湖长制从“有名”到“有实”，河湖长制工作获国务院督查激励，莆田市获福建省首批、第二批河湖长制工作激励市，城厢区、涵江区、仙游县获评全省河长制湖长制正向激励奖励县。其背后，是“莆田版河湖长制”标准、规范、实在的工作模式。

一、背景情况

自全面推行河长制以来，莆田市紧扣打造“造福人民的幸福河”目标，探索、实践、总结出一套自上而下覆盖“市、县、乡”三级的河长制办公室标准化建设体系，做到“有人员、有场地、有制度、有经费、有记录、有实效”。省河长制办公室调研组莅莆调研河湖长制落实、河湖治理保护等工作期间，对莆田市河长制办公室标准化建设情况给予充分肯定，指出“莆田市河长制办公室有落实体系、有推进队伍、有保障制度、有运行平台、有文化宣传窗口，整个模式自成体系、成机制，值得学习借鉴”。

二、主要做法

（一）组织机构规范化

按照标准化办公“六有”标准，健全河长制办公室组织机构，夯实河湖长制工作阵地和运转体系，推进河湖长制工作规范化、常态化开展。

一是一个体系落实。统筹打造河长廊道、智慧中心、联动室、档案室、河长制办公室、河务中心“一廊一办两室两中心”，配齐指挥大屏、视频墙、会商视频设备、电脑、打印机、电子档案系统等设备，满足指挥调度、纠纷调解、文化宣传、日常运维、资料存储功能需求。

二是一支队伍推进。配备河长制办公室主任 1 名，专职副主任 2 名，兼职副主任 6 名，并选派市水利局、生态环境局、发展改革委等成员单位 8 名骨干力量入驻河长制办公室，整合分设综合政研组、智慧创新组、监管提升组、考评宣教组、督导核查组、巡河执法组，做到细化分工、集中办公、统一考勤。

三是一套制度保障。修订莆田市河长制办公室运行机制、河长会议制度、信息共享报送制度、河湖长制工作督导检查制度、督办制度、考核机制、巡查工作制度等，并全面上墙展示，为河湖长制工作常态化提供制度保障。

莆田市河长制办公室（图片来源：莆田市河长制办公室）

（二）河务管理智慧化

围绕“管河、管人、管事”目标，打造河长综合管理平台，通过信息化、数字化、智能化技术实现河湖管理向精细化、网格化管理转变，构建“智慧＋河务”治理模式。

一是一张蓝图管河。基于治水“一张图”理念，整合各相关部门数据融入平台，通过一张图集成河湖相关静态基础信息、动态监管信息、监测信息、业务信息等图层，建成河湖长制管理工作数据库，打破部门和区域之间的数据壁垒和信息孤岛。

二是一条轨迹管人。各巡河员依托巡河移动客户端开展常态化巡河工作，通过平台业务信息图，可实时展示在线巡河人员、巡河联系方式、巡河轨迹等巡河详情，通过高级查询支持多维度巡河人员履职、事件处理、水质监测统计，实现巡河电子化、数据实时化、治理精确化。

三是一个标准管事。构建“巡河、发现、交办、反馈”的“全闭环”工作流程，形成全市河湖治理保护工作动态及时掌握、问题及时流转、整改有效跟进的闭环管理模式，有效管控岸上、水里18类涉河涉水问题，助推各方面巡河力量巩固提升巡河质效。

河道专管员依托巡河移动客户端开展常态化巡河工作（图片来源：莆田市河长制办公室）

（三）文化宣传多样化

莆田市河长制办公室河湖文化宣传设施完善，整体文化设计以习近平总书记治理木兰溪的重要理念为指导思想，以“生态河”“智慧河”“幸福河”为主要内容，设置了三个主题展示区，将硬件设施与水文化很好地融为一体。

一是用好一面文化墙。从一楼至二楼的楼梯墙壁以“壶山兰水”为背景，以“建设绿色高质量发展先行市”为主题，突出展示一以贯之强化河湖长制，建设幸福河湖任务目标，从“生态带、文化带、健康带、产业带、创新带”五大方面发力，打造“安全、健康、生态、美丽、和谐”的幸福河湖。

二是建好一条文化廊。二楼河长廊道文化建设突出“打造人与自然和谐共生的生态河、智慧河、幸福河”主题，以“目”“位”“为”“守”“护”“创”“联”“数”等莆田市河湖长制工作典型经验做法为主要内容，串联整个廊道文化宣传设计，配以介绍文字和展示图片，上下设置灯带，既可以达到照明目的，也突显荔林水乡视觉效果。

三是做好一个文化中心。智慧中心突出信息化建设宣传智慧河湖文化，通过设置指挥大屏、视频墙、LED屏，动态展播莆田市河湖长制工作成效和木兰溪治理成效，整墙布设莆田市河道名录水系图，展示2017年以来莆田市、木兰溪、河湖长制、各县区涉河涉水相关荣誉，不仅能优化办公环境，营造良好的爱河护水氛围，更彰显了浓郁的荔林水乡文化积淀和木兰溪治理理念丰富内涵，形成一道亮丽的宣传窗口。

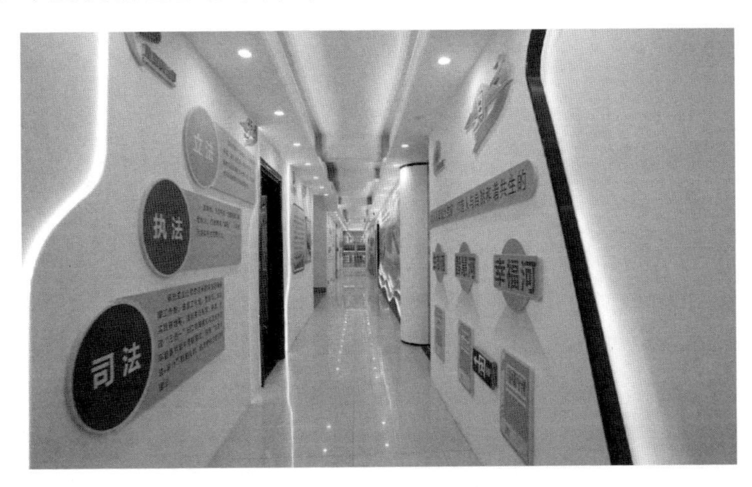

河长廊道（图片来源：莆田市河长制办公室）

三、经验启示

（1）标准化建设是河湖长制工作顺利开展的重要保障。推进河湖长制能力建设标准化，在组织体系、人员配备、教育培训、考核评价等方面统一标准要求，能有效提升业务能力水平，保证了基层河湖长制日常工作开展需求。

（2）标准化建设是河湖长制工作高质量开展的重要推手。推进河长制办公室建设标准化，将工作职责明晰化、工作制度体系化、工作程序规范化，可极大推动河湖长制工作科学规范运作，从而确保工作落深落细落实落效。

（3）标准化建设是管好水治好水守好水护好水的重要举措。推进河长制办公室建设标准化，在认识河流、巡查河流、管护河流和治理河流等方面细化标准要求，将河湖评价指标化、管水治水精准化，有力提升了河湖管护能力和水平。

数字化赋能河湖监管“莆田样板”

【摘　要】莆田市构建“岸上查、天上巡、点上测、网上管”监控体系，推行无人机低空生态监控、地表水水质自动监测、市县乡三级共享共用网上调度，探索“电子河长”全天候、全方位、全覆盖监控，以数字赋能河湖管理和保护，全面提升河湖管护水平。

【关键词】数字化　智慧水利　河湖监管

【引　言】随着信息化技术的飞速发展，河湖监管面临新的挑战与机遇。莆田市以数字化手段赋能河湖监管，通过引入无人机、水质自动监测、“电子河长”等先进技术与管理模式，构建全方位、多层次、立体化的监管体系，实现河湖管理的精准化、智能化，着力提高全市河湖管护水平，推动莆田市河湖面貌持续向好。

一、背景情况

党的十九届五中全会提出了高质量发展的主题，水与生活、生产、生态密切相关，对河湖管理保护水平的要求更高，河湖管理保护的质量控制水平与河湖环境品质的优劣有着密切的联系，河湖环境品质的优劣又直接影响着生态环境效益。在中央、省政府的指导意见下，莆田市借助数字技术手段的加持，利用信息技术的实时性和高效便捷性，破解信息孤岛、适应需求能力差、重复建设、应用周期长等问题，搭建“天、空、地、人”立体化的智慧河湖监督管理系统，完善河湖长制信息化体系，强化河湖管理保护能力。

二、典型做法

（一）专职队伍精细化岸上查

建立河湖巡查专职队伍，莆田市按照“区聘镇管、规范运转、专职在岗、集中办公、片区划分、分散巡查、优化管理、系统考核”模式，试点探索共建专管员规范体系。统筹整合资源，以社会化统招与乡镇自聘公益岗相结合的方式，推动队伍向专业化、职业化、机动化、智能化转变。严格管理机制，出台《莆田市河道专管员队伍建设管理办法》，实行河段“定员、定责、定岗”管理，推动履职尽责、考核奖惩有法可依。配齐设备资源，各级河长制办公室积极组织开展能力培训，提供无人机、巡查车等装备，开启“掌上巡河”，依托巡河移动客户端，实现河湖巡查过程可视化，与莆田市综合管理平台互联互通，及时处理现场问题。创新巡查方式，推行轮岗换片区巡查，互督工作效率，保障河道巡查有效性。巡河移动客户端线上闭环流转岸上巡查发现问题 2.3 万多个，有力推动组织体系全覆盖、保护管理全域化、履职尽责全周期，打通河湖管护“最后一公里”。

掌上巡河（图片来源：莆田市河长制办公室）

（二）低空监控全面化天上巡

搭建低空生态监控体系，结合 5G、4K、VR、大数据及人工智能等新技术，引入无人机、高清探头等设备，全方位全天候巡查河湖，实现集数据采集、存储、计算及分析一体化作业。建立前端感知，在重点工程、主要排口、敏感区域等布设高清探头，做到河湖现场状况可视化，实时掌握河湖一线信息。加强督导巡查，利用无人机定期不定期深入重点河流、山区河段，采集河面河岸即时状态数据，通过智能算法实现无人机巡河数据实时分析和隐患精准定位，智能识别分析判断“四乱”等问题，破解人手不足、工作效率低、危险河段无法到达等问题。同步遥感比对，利用获取的最新卫星遥感影像与基底遥感影像进行比对，提取河湖管理范围内变化图斑，进行更新解译，套合比对历年排查河湖遥感图斑数据、涉水工程审批数据，发现疑似问题图斑，加大河湖岸线管理保护力度。

（三）自动监测实时化点上测

建设水质自动监测站网，实现监测工作向自动化、无人值守转化，监测数据自动化。实时水质监测，布设地表水水质自动监测站 60 余座，覆盖全市两大流域 60 个乡镇交界断面，以每 4 小时一次的监测频次，自动采集分析监测断面水样，上传监测数据。过程预警溯源，利用地表水环境综合管理平台对监测数据进行审核，实现水域水质排名，针对异常超标数据亮灯示警，超标因子倒逼溯源，基本实现“管养报到，监测吹哨”。

水质自动监测站（图片来源：莆田市河长制办公室）

（四）综合平台标准化网上管

完善河长综合管理平台，做到一网统览统管统抓。一张蓝图管河，依托全市政务云存储计算资源，整合全市河湖基础信息、相关监测数据，流域图总览453条河湖、216座水库、70个断面水质情况等。一条轨迹管人，接入536位河湖长、427位人大代表监督员、127位委员河长、509位巾帼河长、314位河道专管员移动端巡河数据，生成巡河热力图，实时呈现巡河频率、状态，形成可追溯巡河日志。一个标准管事，系统实现“发现—上报—流转—处置”全流程闭环管理，汇总巡查数据、问题情况分布，从时间、空间多维度研判分析河湖问题发展趋势。纵向上基层河长可以将重大问题提交到市级河长，横向上河长可以把问题提交给相关部门，打破了行业区域限制，顺畅上下左右联系，实现了“无梗阻”交办处置。“三管齐下”线上闭环流转，并整改销号河湖长、人大代表等巡河发现问题近3000个。

智慧监管（图片来源：莆田市河长制办公室）

三、经验启示

（一）实现河湖管理全覆盖

莆田市采用大数据技术，运用面向多对象的模式，收集了全市河湖水文水情，将巡河、监控、监测、业务及其他行业的数据进行统一汇总存储，同步优化涉河问题的处理流程，形成河湖管理保护大数据。各级河湖长、河道专管员等可通过智能移动终端访问信息服务、协同管理、巡查管理、统计展示等重要服务功能，做到智能化、便捷化服务，有力提升了河湖信息化管理保护水平。

（二）实现地域职责全覆盖

通过建立“内部整合、外部共享”机制，落实“全市一张图、全域数字化”部署要求，莆田市将河长平台融入“水利一张图”系统中，并共享生态环境、自然资源、农业农村、城乡建设等部门涉河数据，打破“数据壁垒”，实时监管河湖岸带状况，形成了纵向市、县、乡三级在线协同调度，横向多业务部门在线协作合力的“天、空、地、人”立体化全天候监测监控监管体系。

“数智治水”木兰溪实践

【摘　要】 2019年9月习近平总书记在视察黄河时发出了建设“造福人民的幸福河”伟大号召，对幸福河木兰溪管理保护工作提出了更高的要求。木兰溪管理保护工作涉及市、县、乡、村等多个层级，水利、环保、住建、自然资源等多个行业，以及每个行业里面多个部门，信息孤岛问题难免存在，需求多样不可避免。在数字技术手段的加持下，利用信息技术的实时性和高效便捷性，破解信息孤岛、适应需求能力差、重复建设、应用周期长等问题，将有效打破“业务烟囱”“信息孤岛”，实现部门系统共建共用共享。

【关键词】 数智赋能　幸福河湖　木兰溪

【引　言】 数字政府建设，一头连着党和政府，一头连着亿万群众，事关国之大计，事关民之安乐。近年来，莆田市聚焦木兰溪治理过程中“水情不明、指令不畅”等痛点难点，抢抓“数字机遇”，以“全市一张图”为实践载体，以“全域数字化”为改革重心，建立信息资源数据为基础、场景应用为主导的大数据调度指挥平台，充分发挥5G网络优势，利用无人机、无人船，构建了“空天地一体”的智能感知体系，让城市更聪明，工业更智造，经济更智慧，治理更精细。数字化赋能，为木兰溪治理安上“超级脑”。

一、背景情况

生态福建、数字福建是福建的两个重要战略部署。木兰溪实现智慧治水是莆田市数字赋能破解发展堵点难点的一个缩影。作为全省数字政府改革建设试点，近年来，莆田市针对部门间应用割裂、封闭独立等问题，率先打造“全市一张图”工作模式，以“全市一张图、全域数字化”赋能木兰溪综合治理，围绕数字指挥、数字治理、数字惠民、数字监督四个维度，做深做透场景，深化数据融合、智能分析，做到一图统抓、统揽、统督、统办，走出一条“数智治水”的木兰溪实践之路。

二、主要做法

（一）聚焦数字指挥，实现云端调度

注重将传统水利工程与新基建结合，利用地理信息系统、北斗卫星定位等多技术，构建“天基-空基-陆基”一体化的流域水生态监控网络体系，整合水利、水文、生态环境等各类数据1亿多条，建设数字木兰溪孪生流域。运用大数据为木兰溪干流、支流以及城市水道、水库、湖泊等精准画像，掌握流域产业分布、资源消耗、污染排放等信息，科学分析、分类管理、精准调度，构建上下联动、左右协同，跨区域、跨层级、跨部门的去行政中心化、扁平化管理机制，把指挥中枢建在“云端”，把生态环境管在“指尖”，推动经验判断向科学决策转变。

2023年7月，第5号台风“杜苏芮”正面登陆福建，给莆田市带来强降雨，日降雨量打破全省历史记录。莆田市第一时间启动大数据调度指挥平台，“风情、雨情、水情、潮情”一图感知、滚动更新，实时监测木兰溪流域水位情况。市防汛抗旱指挥部根据数字模型分析预测木兰溪洪峰，点对点科学指挥调度，精准跟进应对措施，对全市216座水库实施预腾、错峰泄洪，拦蓄洪水2.37亿m^3；提前预降木兰溪下游南北洋水位2m，腾出2000万m^3库容，有效减轻行洪压力，最终堤防无恙、安然度汛，实现“不死人、少损失”目标。得益于木兰溪治理，曾经水患之河变成今日最坚固的堤坝，莆田百姓由衷感恩、感激、感念。

（二）聚焦数字治理，撬动以智促治

坚持线上大数据分析预警和线下现场排查溯源联动，探索建立河长综合管理系统，有效破解了河湖管护信息孤岛问题，推进问题水域精准治理，开启智慧管河护水新模式。创建预警靶向监测应用数字系统，快速联动响应处置监管事项，实现了水环境精准智控、预警。截至2023年，全市已投运地表水水质自动监测站64座（其中木兰溪流域56座），实时监测数据全部上传平台。同时归集了全市118家陆域淡水养殖场、1206个入河排水口相关信息和52家重点废水工业企业在线监控数据，日常结合视频监控、无人机、无人船等进行水域排查，主动识别流域异常情况，通过物联感知、模型比对、溯源分析，做到实时预警、有效预测，及时

发现处置流域水环境污染问题。

重点对木兰溪流域、东圳库区、城市生态绿心内河网水质进行监测监管，通过平台溯源分析，找准问题、推动整治，提升木兰溪流域水环境质量。2022 年 7 月，平台监测预警到绿心范围内涵坝水闸断面水质总磷指标平均下降了一个类别，降至Ⅳ～Ⅴ类，便立即组织线下排查，发现绿心内 23 家水产养殖场尾水直排，个别总磷高达 5.56mg/L；完成取缔后涵坝水质明显改善，基本稳定在Ⅲ类，有效削减了汇入木兰溪感潮段的总磷总量。

为保护好东圳库区这一莆田“大水缸”，实时监测主要入库河流水质。2022 年 4 月，发现入库河流渡里溪水站总磷指标异常，水质下降至Ⅳ类，经过线下排查，发现上游常太镇金川村有 1 家养鳗场“反弹复养”，高含磷养殖尾水直排；依法取缔该养鳗场后，渡里溪水站水质由Ⅳ类恢复至Ⅱ类。数字让“末梢”变“前哨”，为木兰溪筑起“铜墙铁壁”。2023 年，木兰溪流域 18 个国省控断面Ⅰ～Ⅲ类水质比例达 100%。

（三）聚焦数字惠民，快解急难愁盼

着眼于解决发生在群众身边的流域环境问题，以“党建引领、夯基惠民”工程为抓手，建立党建引领基层治理领导体制机制，将常见的 16 项生态环保事项列入基层网格巡查范围，让生态环境治理场景落到最小治理单元、找到最后责任主体。

将平台端口向所有群众、企业开放，发现的生态环境问题通过“莆田惠民宝”App 随手拍即可上报平台，基层能处置的问题由基层直接处置，对不能处置的问题由县区生态环境部门牵头组织进行处置。

建立从问题采集、交办、处置、跟踪、反馈、评估、监督等全过程闭环机制，形成了一套智慧流转、过程可溯、动态跟踪、衔接通畅的信访件办理体系，大大提高了工作效率和群众满意率。通过数字赋能基层环保治理，多数生态环境问题在基层得到解决，群众对环境污染举报投诉呈大幅下降趋势。据统计，2023 年，莆田市累计受理生态环境类的群众举报投诉 5326 件，同比去年减少 3141 件，下降 37.1%。

（四）聚焦数字监督，提升履职质效

搭建“智慧监督”场景，作为推动政治监督精准化的有效载体，数字赋能木兰溪综合治理监督工作。围绕“生态保护、绿色发展、监督保障”重点环节，全要素归集流域治理工作涉及的各县区、各部门基础数据和问题整改等履职动态信息，一屏尽览、穿透察看，并充分挖掘这些实时数据“富矿”，打造“1＋N”预警模式，线上设定比对分析、实时预警、智慧碰撞等功能，及时产生监督预警信息；线下对单督导、排查原因、明晰责任、精准问责，形成监督闭环，有力提升监督质效。

2023年3月，平台监测发现木兰溪支流之一的郑庄沟水质下降明显，触发水质不达标预警，该预警通过平台自动推送至相关职能部门流转办理；经过线下核查发现，该预警系城厢区华林工业园区一家公司工人将水墨印刷机清理的废油墨倒入雨水管网内，继而汇入郑庄沟造成河水污染、水质下降。经过线上线下一体推动，督促责任部门、属地制定整改方案，推动问题整改，郑庄沟4月、5月水质明显提升，已恢复到正常水平。同时，对华林工业园区落实企业污水排放检查等工作不到位、履职不力问题进行核查，并对5名责任人予以问责，其中党纪立案1名，监督“利剑”作用充分彰显。

三、经验启示

莆田市要持续依托“数字木兰溪”工程，立足于服务“治”与“管”，持续开展数据汇聚整合，实现正向可追踪、反向可溯源的数据应用，构建起底物清、源头清、风险清、目标清的流域水环境精细化管控体系，有效提升水环境治理智能化、现代化水平。

第四章　幸福河湖

莆田市以木兰溪创建示范河湖引领幸福河湖建设

【摘　要】按照习近平总书记提出的“节水优先、空间均衡、系统治理、两手发力”治水思路和“造福人民的幸福河”的伟大号召，为深入贯彻“两山”理论，2019 年莆田市对标示范河湖创建指标，坚持重在保护、要在治理，以打造造福人民的幸福木兰溪为目标，实施强产业、兴城市“双轮”驱动，统筹保护和发展，从源头治理开始，协同推进流域山水林田湖草沙综合治理、系统治理和一体化保护以及高质量利用，持续提升河湖治理体系和治理能力现代化，全过程监管并拧紧责任链条，高水平保护并构建管控体系，创新以治河为纽带的全流域治理模式，全方位协同推进莆田绿色高质量发展，打造人与自然和谐共生的美丽中国幸福河湖样本。

【关键词】木兰溪　示范河湖　幸福河湖　系统治理

【引　言】作为习近平生态文明思想实践样板的木兰溪所在地，莆田市立足新发展阶段，贯彻新发展理念，服务和融入新发展格局，以木兰溪示范河湖创建为引领，以打造全域幸福河湖为目标，一体推进新时代木兰溪流域持久水安全、优质水资源、健康水生态、宜居水环境、先进水文化、智慧水管理、绿色水经济等高质量保护与治理工作，探索“荔林水乡”河湖长制工作有名有责有能有效“四有”模式，提升百姓幸福指数，率先打造美丽中国的河湖治理典范。2020 年 11 月，木兰溪南部片区高分通过全国首批示范河湖验收，木兰溪流域综合治理模式入选国家生态文明试验区改革举措和经验做法推广清单。木兰溪见证了一座城市、一个流域在中国共产党领导下的沧桑巨变。

一、背景情况

木兰溪发源于福建省戴云山脉，是福建省“五江一溪”之一、闽中最大河流，横贯莆田市全境并独流入海，是莆田人民的“母亲河”。

木兰溪虽以溪命名，却是一条桀骜不驯的河流。历史上，因受集水面积大、岸线弯曲、流程短、落差大、河口潮汐、下游地势低洼等影响，木兰溪洪灾、旱灾、潮灾频发。每逢汛期，农田房屋时常受淹，企业选址避之不及，群众流离失所甚至背井离乡……百姓安危受困于此，经济发展受限于此，城市兴盛受阻于此。

1999 年 12 月，习近平同志在闽工作期间，亲自擘画、亲自推动木兰溪整治工程。20 多年来，莆田持续实施了流域防洪防潮排涝、安全生态水系建设、中小河流治理、节水型社会建设示范区及达标县、水生态文明建设试点城市、全域城乡供水一体化试点市、黑臭水体治理示范城市、农村生活污水治理试点市、水系连通及水美乡村建设试点县、综合治水试验县、东圳水库水环境综合治理、蓝色海湾整治、河湖库“清四乱”、污水零直排区试点等一系列建管工程，下游从过去安全泄洪量仅 1000 m^3/s、70 个建制村几乎年年遭洪灾，到 2011 年彻底改变了福建全省设区市中唯一“洪水不设防城市”的历史，城市防洪标准提高到 50 年一遇，实现了洪水预警，特别是 2016 年受 14 号台风“莫兰蒂”影响，木兰溪洪峰流量达 3140m^3/s，木兰溪防洪工程经受住了考验，没有泛滥成灾，实现了全流域安全生态、绿色发展、产城融合发展、人与自然和谐共生的目标，书写了美丽中国生态文明建设的生动样本。

壶山兰水、荔林水乡（蔡昊　摄）

2014 年、2017 年莆田市相继出台了《莆田市河长制实施方案》《莆田市全面推行河长制工作方案》；2021 年 5 月，莆田市河长制办公室获评全国全面推行河长制湖长制工作先进集体。

2019 年 11 月，木兰溪入选水利部首批示范河湖建设名单。

2020 年 3 月，水利部高度肯定了莆田市委、市政府坚持变害为利、造福人民的目标要求，一张蓝图绘到底，以木兰溪全流域系统治理为统揽，加快水利改革发展，打造了全国生态文明建设的木兰溪样本，为新时代治水提供了可资借鉴的宝贵经验。12 月，福建省委书记在莆田调研时强调，要深入学习贯彻习近平生态文明思想，牢记习近平总书记当年提出“变害为利、造福人民”的重要要求，坚持一张蓝图绘到底，让木兰溪成为造福当地人民的幸福河。

2021 年 1 月，木兰溪流域东圳水库获评国家水情教育基地。3 月，实施木兰溪综合治理写入《中华人民共和国国民经济和社会发展第十四个五年规划和 2035 年远景目标纲要》。6 月，木兰溪治理写入《中共福建省委关于学习贯彻习近平总书记来闽考察重要讲话精神谱写全面建设社会主义现代化国家福建篇章的决定》，并作为中国共产党百年奋斗历程成果，亮相中国共产党历史展览馆。

二、主要做法

莆田市深入贯彻落实习近平总书记来闽考察重要讲话精神和治理木兰溪的重要理念，坚持问题导向、目标引领、水岸同治、项目带动，以实施河湖长制的规范化、常态化、清单化、数字化、示范化、现代化的“六化”为抓手，打造木兰溪示范河湖、幸福河湖，并以示范河湖木兰溪综合治理带动莆田全域幸福河湖建设。

（一）严格管控河道空间，构建多元河长监管体系

（1）严格管控木兰溪空间。划定干流管理范围、岸线及河岸生态蓝线，完善生态保护红线、永久基本农田、城镇开发边界等控制线，留足两岸生态绿线，实施两岸建筑退距工程，实现岸线资源节约集约利用，构建“控制线＋退距线＋发展线”多规合一体系。

（2）首创流域多元河长体系。干流县级河段长均增设县区委书记担任第一河长，55 条流域重要支流、小流域增设县级党政主要领导担任第一河长。发动商会、老协会、记者、乡贤、志愿者等民间力量，开创流

造福人民的木兰溪（蔡昊　摄）

域企业河长、乡愁河长、网络河长等先河，搭建“行政＋流域＋民间”多元河长组织体系，以首创的河长日为抓手，走出从一河多长齐心护河的“有名”，到挑起担子压责任的“有责”，再到示范河湖善作为的“有能”，以及水患频仍变捷报频传的“有效”，具有莆田地域特色的河湖长制“四有”之路。

（二）实施大系统治理，创新流域运管模式

（1）着眼大空间，实施大系统治理。成立以市委书记、市长为组长的木兰溪全流域系统治理工作领导小组，高位推动“保护＋治理＋开发”系统治理模式，即立足城市发展布局和资源、生态等禀赋，坚持节水优先、系统治理、一体推进理念，统筹流域上下游、左右岸、干支流、点线面、潮汐变化规律、自然-生态-社会等，完善木兰溪流域系统治理规划，明确流域治理方向、目标、思路，确保一张蓝图干到底。

（2）创新木兰溪投、融、规、建、管、养、监一体模式。探索政企合力的“专项＋清单”项目管理模式，将流域河道生态治理、智慧流域系统、水生态安全、生态廊道等项目整合打包，设立木兰溪下游水生态修复和治理工程大专项，总投资29.69亿元，列入全国首批水生态修复与治理示范项目、国家150个重大水利工程，形成了“多个渠道引水、一个龙头放水”的水生态修复和治理的资金投入新格局。

（三）建立数字智慧平台，拧紧责任各环链条

（1）数字赋能、科技智力。利用卫星遥感、视频监控、无人机、无

福建省重大水利工程集中开工视频动员会举行（图片来源：莆田市水利局）

人船、App等技术手段，建立河长综合管理平台、生态云平台、水质自动监测站、视频监控等，构建“看水一张网、治水一张图、管水一平台、兴水一盘棋”的新体系，破解治水难题，开启“互联网＋大数据”治水护水新模式。

（2）制度为要，机制为根。创新“三图＋三统＋三单”守河作战路径、“管人＋管河＋管事”智慧监管体系，建立“立法＋执法＋司法”多维生态法治护航、“巡察＋监察＋督导”专项监督、“市域＋部门＋云端”跨界协同河湖管护等机制，探索“地方＋高校＋最美家乡河联盟”产学研绿色发展模式，实施“流域＋水库＋区域”叠加补偿办法，推行机械智能化、管理智慧化、作业精细化的三位一体的水岸协同保洁机制，有效维护木兰溪健康。

（四）统筹保护与发展，保障区域高质量发展

（1）从资源安全、环境安全、流域安全和社会安全角度，统筹流域生产、生活、生态空间，明晰城市“东拓南进西联北优中修”的发展战略，出台《打造人与自然和谐共生美丽莆田行动方案》《莆田市城市功能与品质提升暨拓展新城区三年行动计划》等，优化木兰溪南岸永久基本农田布局，跨木兰溪南进建设高铁新城，攻坚一溪两岸木兰陂、玉湖、白塘湖等片区连片发展。

（2）坚持新发展理念，优化产业布局。按照“龙头企业—产业链—

产业集群—制造基地”思路，加快木兰溪沿岸产业集聚化、产业链现代化、创新链数字化，构建流域高质量发展的现代产业体系，通过孵化产业、转型升级，重点布局5G、区块链、物联网等龙头产业，打造集气电、风电、光伏于一体的新能源产业集群，推动特色优势产业与互联网平台深度融合，形成木兰溪两岸珍珠链式产业链，有机植入“最美家乡河”文化元素、价值内涵，将优质生态资源转化为绿色发展新动能，做实做优做强做长生态产业链，提升产品效益和附加值，助推乡村振兴，力争到2025年食品、工艺美术、鞋服、电子信息、新型材料、新能源、数字经济、生命健康等沿溪产业产值突破1.69万亿元。

三、经验启示

（一）坚持党的领导，淬炼不变的初心和恒心

20多年来，省市历届党委、政府落实“党政同责、一岗双责”，领导莆田人民，弘扬工匠精神，久久为功，一张蓝图绘到底，接续推进木兰溪综合治理，建设新时代高质量发展的幸福木兰溪，滋养为人民谋幸福初心、永葆恒心、淬炼灵魂，锻造了牢记宗旨的担当精神、系统治理的科学精神、无惧困难的斗争精神、久久为功的奋斗精神等宝贵精神财富。

龙舟文化（蔡昊　摄）

（二）坚持人民至上，把人民关心的问题摆在首位

习近平总书记指出：“良好生态环境是最公平的公共产品，是最普惠

的民生福祉。”莆田以此为引领，坚持共商共建共享的理念，始终以人民为中心，把群众关心、社会关注的河流问题作为提升群众幸福指数的重要指标，把木兰溪综合治理作为“头号工程”，发动全市人民共同参与、共同建设、共同享有，让每个人都是木兰溪生态文明的宣传者、践行者、奋斗者、受益者。

（三）坚持大系统思维，铸就幸福河湖大安全

木兰溪治理从全局谋一域，树立大时空、大系统、大担当、大安全的理念，统筹发展与安全，以水定城、以水定地、以水定人、以水定产，从历史纵深思考河流变迁，从多重系统构成谋划河湖治理，从文明传承挖掘地域水文化，从战略性布局打造幸福河湖样本，夯实基础，实现高质量发展的使命与担当，是习近平同志从前期论证到科学决策、从亲自擘画到全程推动、从亲自奠基到建立生态样本的生动实践。

（四）坚持科技引领，建设智慧幸福河湖

莆田坚持科技赋能治水，探索木兰溪在创建示范河湖、打造幸福河湖中的新方法、新手段。研发流域系统管理智慧平台，在地面、天上监测管理的基础上，利用 RS 技术，绘制集成自然、生态、社会元素一张图，编织天空地三位一体的智慧木兰，实现全流域实时监管，提高灾害应对能力。联合高校，成立河海大学木兰溪生态河湖研究院、莆田学院木兰溪综合治理研究院，精准发力，开展健康河湖、美丽河湖、幸福河湖等重大关键技术攻关。

（五）坚持建管并行，推动示范河湖可持续发展

莆田以全面提升水安全保障能力为目标，坚持投资一体化带动治理一体化，以城带乡、以大带小，推进集中连片，探索流域投资、融资、规划、建设、管理、养护、监管一体模式，逐步建立流域高品质建设、专业化管理、信息化监测、一体化运维等，巩固示范河湖创建效果和幸福河湖建设成果，推动新阶段木兰溪高水平、高质量、可持续发展。

（本案例摘选自《全面推行河长制湖长制典型案例汇编（2021）》，中国水利水电出版社，2022：254－260）

新发展阶段建设幸福木兰溪的探索与实践

【摘　要】 莆田市全面贯彻落实习近平总书记关于治水的重要论述精神，积极响应福建省建设“一河一网一平台”的部署，立足新发展阶段，以建设造福人民的幸福河为宗旨，以经济社会高质量发展为目标，充分挖掘幸福河湖内涵，围绕安全、健康、生态、美丽、和谐的理念，在木兰溪流域开展包括“六清六化六方”行动等大量的探索与实践工作。文章对莆田市建设幸福木兰溪的做法和成效进行梳理，并凝练出木兰溪流域综合治理的经验启示，为幸福河湖建设提供参考。

【关键词】 木兰溪　幸福河湖　高质量　绿色发展

【引　言】 木兰溪发源于福建省戴云山脉，是福建省“五江一溪”中的“一溪”、闽中最大河流，横贯莆田市全境并独流入海，干流总长105km，流域面积1732 km^2，天然落差784m，平均比降约1.5%，约占市域总面积的42%，覆盖莆田市80%以上的常住人口，是莆田人民的“母亲河”，历史上，木兰溪因受集水面积大、岸线弯曲、源短流急、落差大、河口潮汐、下游地势低洼等影响，洪灾、旱灾、潮灾频发。经过20多年对木兰溪水安全、水生态、水环境、水文化、水经济的系统整治，取得了良好效果。

在推动高质量发展的大背景下，如何在新发展阶段将共同富裕、人与自然和谐共生等“中国式现代化”建设融入幸福木兰溪建设中，成为一个新的命题。为此，本案例结合现阶段木兰溪全流域整治的核心策略——“六清六化六方”行动，梳理木兰溪综合整治的主要做法和取得的成效，探讨木兰溪全流域整治的经验启示，为类似的河流治理提供有益的借鉴和指导。

一、主要做法

幸福河湖是新时代中国河湖治理的新目标，也是新时代中国治水事业的新标志、新高度。莆田市坚持四水四定、绿色低碳、人水和谐，以建设幸福木兰溪为目标，以木兰溪综合治理统揽莆田市高质量发展，建设造福人民的生态带、文化带、健康带、产业带、创新带，协同推进流域综合治理、系统治理和一体化保护以及高质量利用，开展“六清六化六方”行动，重塑荔林水乡风貌，打造全国幸福河湖的新标杆。其主要做法如下。

（一）党建引领，高位推动

2022 年 11 月，福建省委省政府研究出台专题文件支持莆田市践行木兰溪治理理念，建设绿色高质量发展先行市。2023 年，福建省木兰溪流域中心成立，推动实现流域治理、管理“四个统一”，首创河长日、流域双河长，增设县乡党委、政府主要领导担任木兰溪第一河段长，实施三年行动计划，以项目为单位创建“党支部＋指挥部”，推进项目加速度模式。

福建省人民政府文件

闽政〔2022〕29 号

福建省人民政府关于支持莆田市践行木兰溪治理理念建设绿色高质量发展先行市的意见

各市、县（区）人民政府，平潭综合实验区管委会，省人民政府各部门、各直属机构，各大企业，各高等院校：

为深入贯彻落实习近平生态文明思想，传承弘扬习近平总书记推动木兰溪流域治理的重大实践探索，支持莆田市深化“变害为利、造福人民”生动实践，以木兰溪全流域系统治理统揽推动水资源高效利用和经济社会绿色高质量发展，实现以水定城、以水定地、以水定人、以水定产，全力建设绿色高质量发展先行市，提出以下意见。

一、总体要求

—1—

2022 年 11 月 29 日，福建省人民政府办公厅印发《福建省人民政府关于支持莆田市践行木兰溪治理理念建设绿色高质量发展先行市的意见》（闽政〔2022〕29 号）

（二）空间管控，多规合一

立足城市发展布局、生态、资源禀赋等基础情况，统筹流域上下游、干支流、左右岸、点线面、潮汐变化规律、自然-生态-社会等，出台流域水量分配、生态基流保障等方案，完善木兰溪流域系统治理规划，构建管理线、控制线、退距线、发展线等多规合一体系，明确流域治理方向、目标、思路，做到上游封山育林，设立 $18000hm^2$ 源头自然保护区；中游退田还草、退耕还林，保证清水下山、净水入库；下游系统修复河口、湿地和保护荔枝林、生态绿心，实施蓝色海湾、水生态修复等国家重大工程，系统修复河口和湿地，确保“一张蓝图干到底”。

木兰溪入海口（李翔 摄）

（三）系统治理，一体保护

木兰溪的治理理念从注重防洪到防洪保安、生态治理、文化景观“三位一体”综合治理，为福建省安全生态水系建设、中小河流治理、水系连通及水美乡村建设等树立了样板；治理方式从注重治水到山水林田湖草沙系统治理，创新了流域生态保护、生态治理、生态修复、生态法治、生态科技“五道防线”，为我国新时代治水提供了可资借鉴的经验；治理范围从注重下游到上下游、干支流、左右岸、水陆域全域统筹，坚持水安全、水资源、水环境、水生态、水文化、水经济全面施治，实施河上清污、河面清洁、河岸清乱、河中清障、河底清淤、河水清净等“六清”行动，复苏流域生物多样性，实施木兰溪全流域国土绿化、区域再生水循环利用等全国试点示范工程，形成生态、形态、文态、业态、活态等多“态”融合发展，树立“全周期管理”意识，探索流域系统治理新路子，让木兰溪成为全国“绿水青山就是金山银山”实践创新基地、全国首条全流域系统治理水系、全国第一条全流域系统治理的河流。

木兰溪源头（图片来源：仙游县河长制办公室）

（四）六方联动，司法护航

坚持共商共治共建共享，创新涉河湖信息共享、定期会商、监督推动、矛盾共治、修复共建、问题快速处理的立法、执法、司法、审计法治护航机制，颁布实施莆田市木兰溪流域、城市生态绿心、东圳库区水环境等保护条例，开展公安、检察院、法院、职能部门、属地政府、河长办等“六方”联动联防专项执法，探索“区域、部门、云端”跨界协同管护机制，设立守护木兰溪生态司法协作联络室，推行河道警长、党政领导干部自然资源资产离任审计等制度，打造快立快审快判模式。

木兰溪干流木兰陂水质自动监测站（图片来源：城厢区河长制办公室）

（五）数智赋能，标准规范

建设数字木兰溪，推行信息化管人、流程化管事、智能化管河运行模式，构建岸上查、点上测、网上管、天上巡的监管体系，实现一图统抓、统揽、统督、统办，“5G＋木兰溪全流域数字化治理项目”在第五届数字中国建设峰会展出，并获评全国ICT优秀案例。开启“地方、高校、最美家乡河联盟”产学研绿色发展模式，联合河海大学等成立木兰溪生态河湖研究院，邀请来自中国科学院、清华大学等科研单位的院士专家 40 余名召开木兰溪生态保护论坛，开展河湖关键技术研究；牵头制定《独流入海型河流生态建设指南》《幸福河湖评价导则》《河湖智慧监管体系构建导则》等福建省地方标准，出版发行《木兰溪综合治理概论》《幸福河湖评价与建设》等书籍。

《木兰溪综合治理概论》
由人民日报出版社正式出版发行

（六）机制创新，长效管护

设定每月 20 日为“河长日”，实行河长一线工作法，探索“三图三统三单”的河长守河作战路径、管人管河管事“三管齐下”的智慧监管体系、“巡察监察督察”的专项监督、“周巡河月监测季督导年考核”的督导考评、党政企共治等机制，创新公私合营的木兰溪流域水环境综合治理 PPP+ 水质考核模式，探索生态及环境保护的创新亚行贷款等融资方式，成立莆田市木兰投资集团，建立“巡回蹲点考核”“一线考核”等干部使用机制，开展生态环境导向开发全国 EOD 试点，实施“流域、水库、区域”叠加补偿办法，推行机械智能化、作业精细化、管理智慧化“三位一体”的水岸协同保洁机制，有效维护了木兰溪的美丽、健康、幸福。

“木兰姐姐”护水实践活动（图片来源：莆田市妇女联合会）

（七）开门治水，全民参与

莆田市人大、政协专班监督，设立三级人大代表监督员、委员河长，助推幸福木兰溪建设；市纪委监委专项监督，探索“8＋X”会商协调、“室组地＋巡”联动监督等机制，推动流域系统治理；市妇联专队宣讲，出台“巾帼情”兰护水工作方案，讲好木兰溪故事；共青团市委、文明办、工商联、教育、民政等部门，首创河小禹、企业河长、校园河长、乡愁河长、网络河长、妈祖义工志愿护河队等，形成全社会共同建设人与自然和谐共生幸福木兰溪的浓厚氛围。

二、工作成效

20 多年来，莆田市统筹山水林田湖草沙一体化保护和系统治理，集成实施“千古木兰溪、百里江山图、十里风光带”工程，坚定不移建设绿色高质量发展先行市，振兴乡村聚力共同富裕，努力把木兰溪打造成践行习近平生态文明思想的生态河、智慧河、幸福河。

（一）建设安全河，守牢人民生命底线

莆田市坚定不移贯彻国家安全观，以江河安澜为前提，补齐水利基础设施短板，筑牢高水平安全：一是筑牢防洪保安墙，创新上游水库蓄洪调洪、中下游河道疏畅滞蓄、河口湾堤闸挡潮减潮的防洪保安体系，县级以上城区防洪达标率为100%。二是织密供水安全网，率先在福建开展城乡供排水一体化治理试点，构建一核多源、北水南送、东西互济、全域统筹的“三纵三横”水网体系，建成重大引调水工程6个、大中型水库10座，提高了水资源供给输配能力，自来水普及率从81%提升至95%，实现“有水喝”向“喝好水”转变。三是打赢灾害防御战，优化防汛抗旱应急响应机制，实施“四预”、防御“四情”，全市215座水库、256个水闸、182条江海堤防等重点水利工程均落实三类责任人，采取拦、分、蓄、滞、排等措施，确保人民群众的生命财产安全。

（二）聚力健康河，守好碧水清波防线

莆田市以河流功能协调、健康永续为宗旨，推行跨界联防联控、社会共管共治，保护高颜值资源。一是共聚管护力量，制定“党政企共治”机制，创新推行河湖长制工作联席会议制度，成立木兰溪生态河湖研究院、幸福河湖促进会等，搭建涉水部门交流、专家智库合作、社会各界参政等平台。二是共建智慧监管，推行无人机低空生态监控、地表水水质自动监测、市县乡三级共享共用网上调度，形成“天空地人”一体化水环境智能检测感知体系，基本实现管河、管人、管事“三管”齐下。三是共筑水源屏障，出台木兰溪流域水量分配、生态基流保障等方案，创新五道健康防线，组建了水陆空全方位护水队，成立了重要饮用水源“六方联合执法办”，构建了保护水库警务共同体，有效保护了水源地健康永续。2023年木兰溪流域国省控断面水质优良比例达100%。

（三）打造生态河，守紧绿色低碳基线

莆田市以生物多样性为基础，发挥生态资源禀赋，统筹山水林田湖草沙一体化保护和系统治理，形成“人在岸上走、船在河上游”的荔林水乡生态画卷，厚植高素质优势。一是保育自然本底，通过“小体量、微干预、精提升”方式开展生态保护修复，施行城乡水系及蓝线规划，

设立源头省级自然保护区，实施安全生态水系、中小河流治理等工程，实现木兰溪与下游399条内河互连互通。二是优化生态资源，系统推进木兰溪下游水生态修复与综合治理，实施生态清洁型小流域治理，综合治理水土流失面积52.1万亩，打造425km^{2}南北洋平原外生态屏障与内生态廊道。三是复苏生物多样性，建成白塘湖、土海等湿地公园和玉湖、绶溪、荔林水乡等生态文化公园，修复入海口红树林面积37.5万m^2、湿地面积1.8km^2，打造生态鸟岛，营造黑脸琵鹭保育区等动植物生境。

（四）扮靓美丽河，守护宜居宜游福线

莆田市以山清水秀为底色，巩固水环境治理成效，打造水景观、水文化关键节点，山水诗画生态韵城呈现，创造高品质生活：一是水岸协同共治，建成污水零直排区试点村约60个、城镇生活污水管网1200km，推行河岸河面垃圾一体保洁，全省率先做到转运系统、生活垃圾无害化处理等全覆盖。二是城乡品位提升，坚持“公园城市”理念，以莆阳福道串联十里风光带、水上巴士等绿带林带、街景水景建成绿心河道500km，水上巴士观光线62.2km、岸线景观福道35km、特色景观带14条、河湖文化公园17个，美丽乡村示范村51个，65km^{2}城市生态绿心保护修复项目获中国人居环境范例奖。木兰溪连续2年成为福建省流域面积1000km^{2}以上唯一的五星级河流。三是水脉文脉汇聚，创成国家历史文化名城，梳理流域文明发展谱系和治水理念渊源，建立流域先秦考古的年代序列、文化谱系，探寻莆仙地区史前文化的源头及与周边文化交流互动关系，复原溪网内东阳等特色古村、萝苜田历史文化街区等人文历史景观，木兰陂获评首批国家水利风景区高质量发展十大标杆景区，建成木兰溪治理展示馆等水情教育基地5处，九鲤湖等省级及以上水利风景区13个，保护修复官杜陂等首批省级水（河湖）文化遗产10处，让“荔林葱郁、白鹭翔空”成为老百姓家门口的“诗和远方”。

（五）共建和谐河，守住人水共生主线

莆田市以人水共生为目标，深挖生态潜力，全国首次以全流域为单元创成国家“两山”实践基地，推行产业生态化、生态产业化，实现高质量发展。一是坚持节水优先，将中水用于绿化灌溉、河道及池塘的补水等，推动企业利用厂际循环用水等高新节水技术，探索污水资源化利用方式，建成国家级区域再生水循环利用试点1个、节水型社会建设达标县3个、水效领跑者重点企业1家。二是赋能绿色转型，生态农业，生态工业、生态旅游等绿色经济占GDP比重达56.9%，首创“壶兰耕读”农产品流域公共品牌，提升流域内产业集聚化、先进化；以全省3.9%的能耗创造全省5.7%的经济体量，布局绿色经济等12条重点产业链，工业增加值增长119%，经济增长含金量、含新量、含绿量持续提升，实现人水港产城和谐共融。三是探索价值转换，实施流域和饮用水水源保护区双补偿机制，在绶溪片区全省率先探索生态环境导向开发全国EOD试点，源头探索碳汇经济，下游发展水产业，做强做优莆阳特色文旅经济，2022年国庆莆田市文旅以周边订单增幅415%，排名全国第二。

三、经验启示

（一）坚持人民至上、科学决策，是推动绿色高质量发展的根本指引

木兰溪整治过程彰显了综合治理的系统观、尊重自然的科学观、和谐共生的辩证观，站在人与自然和谐共生的高度科学谋划发展，坚持“四水四定”，推动水资源高效利用和经济社会绿色高质量发展，打造全省节水、护水、用水、兴水标杆城市与绿色高质量发展示范样板。

（二）坚持生态优先、久久为功，是持续提升生态文明建设的根本遵循

木兰溪的治理成效，是历届福建省委、省政府和莆田市委、市政府始终坚持夯基垒台的成果，建设国家生态文明示范市，塑造山清水秀生态典范，努力将木兰溪打造成新时代绿色低碳、共同富裕、美丽中国的鲜活样板。

（三）坚持党建引领、共建共享，是打造人与自然和谐共生幸福河的根本路径

莆田市围绕“安澜的河”“健康的河”“智慧的河”“文化的河”“法治的河”“发展的河”等幸福河湖内涵要义，准确把握充分发挥河湖长的牵头作用和统筹协调作用、加强系统治理、严格执法、提升智慧化水平，

与经济社会发展深度融合等建设幸福河湖的目标任务，大兴调查研究，统筹推进流域水资源、水环境、水生态治理，提升河湖治理保护能力，把木兰溪建设成为百姓家门口人与自然和谐共生的生态河、智慧河、幸福河，让莆田市人民共享河湖之美、发展之福。

（本案例摘选自《水利发展研究》，2023，12）

“六化”促“四有” 河湖长制莆田路径

【摘　要】木兰溪治理，是习近平生态文明思想的生动实践。福建省莆田市以木兰溪综合治理为主线，以推进河长制规范化、常态化、清单化、数字化、示范化、现代化“六化”为抓手，努力走出河长制“四有”之路，并以木兰溪综合治理为示范，带动莆田幸福河湖全面建设。“四有”，即一河多长齐心护河的“有名”，挑起担子压责任的“有责”，示范河湖善作为的“有能”，以及水患频仍变捷报频传的“有效”。

【关键词】河湖长制　木兰溪　示范带动　幸福河湖

【引　言】河长制湖长制的全面建立，是解决我国复杂水问题、维护河湖健康生命的有效举措，是完善水治理体系、保障国家水安全的制度创新。通过实施河湖长制，很多河湖实现了从“没人管”到“有人管”、从“管不住”到“管得好”的转变，推动解决了一批河湖管理保护难题，河湖状况逐步好转。

一、背景情况

近年来，莆田市深入学习贯彻习近平生态文明思想，紧紧围绕市委、市政府中心工作，坚持问题导向、目标引领、水岸同治、项目带动，围绕建设幸福河湖目标，持续创新管河护河机制，做响“流域双河长”“河长日”“河长履职三个三”等品牌，逐步完善智慧管护系统，全面提升河湖工作标准，着力打造造福人民的幸福河湖木兰溪，全面推进河湖治理体系和治理能力现代化，全方位推动绿色高质量发展先行市建设。

二、主要做法

(1) 河长制办公室建设规范化。莆田发挥河长制办公室综合协调、分办督办作用，强化各级河长制办公室规范建设，解决“干什么”“如何干”“干不好怎么办”等问题，打造一批基层河长制办公室示范点；探索流域（湖、库）河长制办公室建设，创新河湖长制工作，打造一批可复制、可推广的河湖长制典型经验。

莆田市城厢区龙桥街道河长制办公室（图片来源：龙桥街道河长制办公室）

（2）河湖长履职常态化。严格河湖长履职，突出从河长制到河长治、从治河到智河两大转变，探索“莆田版”河湖长履职规范，培育一批“有名”“有责”“有能”“有效”的典型河湖长；严格水质考核，开展河湖健康评价，为河湖长履职提供重要参考。

（3）河湖治理清单化。坚持项目带动，以木兰溪全流域系统治理为重点，实行工作项目化、项目清单化、清单责任化。水资源节约保护方面，秉持“节水即治污”的理念，推进中水回用，创建节水型社会建设达标县；水污染防治方面，加快城乡污水管网设施建设，确保地下水Ⅴ类水比例不增加；水环境治理方面，持续开展河湖库“清四乱”、入河排水口、黑臭水体等专项排查整治行动；水生态修复方面，持续推进水系连通及水美乡村、安全生态水系等建设，落实采砂管理“四个责任人”，打击非法采砂，建立常态化机制。

（4）河务监管数字化。围绕“监测吹哨、管养报到”，突出数字赋能，充分利用卫星遥感、视频监控、无人机、无人船等技术手段，及时将河湖管理范围划定、岸线规划分区等成果和涉河建设项目位置信息上图，运用河长综合管理平台，持续完善管河、管人、管事“三管齐下”的河务监管系统，横向贯通河长制办公室成员单位信息，纵向连通市、县、乡、村四级，探索智能化管河、信息化管人、流程化管事，破解河湖基础感知精细化程度低、信息化技术与业务融合少、数据归集共享服务能力弱等难题。

数字化监管（图片来源：莆田市河长制办公室）

（5）幸福河建设示范化。坚持以人民为中心，聚焦群众期盼，结合城市更新、乡村振兴等，加快做好首批幸福河湖建设试点评选工作，开展“主播带您游幸福河”活动，总结提炼可复制可推广的典型经验，培育一批各具特色的人与自然和谐共生的幸福河湖，探索“荔林水乡”幸福河建设标准，为福建乃至全国河湖长制的实施提供示范和借鉴。

（6）治理能力现代化。坚持保护优先，围绕“强产业、兴城市”，统筹城市生产、生活、生态空间，优化城市功能布局，强化城市“多规合一”统一管理，保障河（渠）道行洪安全，科学划定河道管理范围。坚持共建共治共享，增加科技赋能，开展河湖生态科研工作，实行跨境联动协作机制，探索“立法＋执法＋司法”多维机制。此外，开展河道专业化管理养护，拓展河长体系，搭建“行政＋流域＋民间”多元立体组

开展木兰溪健步走活动（图片来源：湄洲日报社）

织，深入研究木兰溪水环境承载能力，科学分析流域纳污能力和自净能力，提出木兰溪流域产业布局、管控建议，力争做到“十四五”期间在经济增长的同时，水质优良比例不断提高。

仙游县检察院联合县法院在木兰溪沿岸开展“保护木兰溪”生态环境保护志愿活动（图片来源：仙游县人民检察院）

三、经验启示

（1）持续强化数字赋能。进一步完善河长综合管理平台相关功能，更好地为各级河湖长等提供决策辅助。依托河长综合管理平台，对巡河发现问题线索处理情况及时跟踪，对未处理线索较多、线索未处理周期较长等情况进行预警，全力做好巡河工作。依托高空视频监控、无人机等科技手段，打造综合监管示范区域，切实做到问题“早发现、早制止、严查处”，真正发挥数字赋能助力巡河作用。

（2）持续加强宣传培训。加大河湖长制工作宣传力度，充分利用各级各类媒体平台，加强河湖水生态环境保护法律法规和政策宣传，增强全社会保护河湖的责任意识和参与意识，提高河湖保护与河湖长制的公众知晓率和社会影响力，修缮更新河湖长公示牌，广泛接受社会各界的监督。加大对河湖长、专管员的培训力度，周密谋划、精心组织相关政策学习、巡河移动客户端操作使用业务培训，提高履职能力。鼓励地方积极探索典型经验做法，充分发挥示范引领作用。

（本案例摘选自《中国水利报》，2021-4-29，第4833期）

强化河湖长制　建设幸福木兰

【摘　要】木兰溪治理，是习近平总书记亲自擘画、全程推动的生态文明建设实践。近年来，莆田市积极践行习近平生态文明思想和习近平总书记治理木兰溪的重要理念，按照市委、市政府工作部署，以木兰溪综合治理为总抓手，统筹发展和安全，坚持走好水安全有效保障、水资源高效利用、水生态明显改善、水文化传承发展的绿色高质量发展道路，持续巩固生态文明建设的木兰溪样本，打造人与自然和谐共生的幸福木兰溪。木兰溪成为全国第一条全流域系统治理的河流，获评全国首批示范河湖。木兰溪综合治理作为中国共产党百年奋斗历程成果亮相中国共产党历史展览馆，见证了一个城市、一个流域在中国共产党领导下的沧桑巨变。

【关键词】河湖长制　幸福河湖　木兰溪

【引　言】当前，中国特色社会主义进入新时代，我国社会主要矛盾已经转化为人民日益增长的美好生活需要和不平衡不充分的发展之间的矛盾，河湖治理工作也进入了新时代，人民群众对优美生态环境需要日益增长，对江河湖泊保护治理有着热切期盼，期盼居住的家天更蓝、山更绿、水更清、环境更优美，期盼身边的每一条河流都能像木兰溪一样成为“最美家乡河”，全面推行河湖长制已进入全面强化、标本兼治、打造幸福河湖的新阶段。

一、背景情况

莆田市地处福建省中部沿海，作为妈祖故里、海滨邹鲁，是福建省的“江南水乡”，既是滨海地区，又是水乡泽国，境内水系发达，河网密布，纵横交错，不仅有300多km海岸线，还有福建省“五江一溪”的木兰溪，素有“荔林水乡”之美誉。莆田的发展史是一部治水兴水惠民史，也是一部以水为魂的生态文明史，这里因水而生，因水而兴。20多年来，历届莆田市委、市政府牢记嘱托，坚持“一张蓝图绘到底、一份规划用到底”的精神，深入贯彻习近平生态文明思想，坚决落实省委省政府关于河湖长制工作系列部署要求，以“绿水青山就是金山银山”的发展理念为引领，一以贯之强化河湖长制，建设幸福木兰溪。木兰溪获首批示范河湖、“绿水青山就是金山银山”实践创新基地等 20 多项全国性荣誉或肯定，成为全国第一条全流域系统治理的河流、全国河湖管理及河湖长制工作的样板、全省流域面积 1000km^2 以上唯一一条五星级河流，全流域幸福指数高居榜首。

二、主要做法

（一）守护水安全，织牢河湖安澜“生命网”

莆田市牢记习近平总书记“变害为利 造福人民”殷切嘱托，不断补齐水利基础设施短板，提升水安全保障能力。

一是防洪保安，建起城市“防护墙”。创新“上游水库蓄洪调洪、中下游河道疏畅滞蓄、河口湾堤闸挡潮减潮”的防洪减灾体系，建成木兰溪下游防洪工程，疏通 665km 南北洋排涝水网，结束“莆田市为全省地级市唯一城区不设防”历史。完成兴化湾等“三湾”防洪排涝防潮工程建设，县级以上城区防洪 100％达标。10 年间，莆田市遭受了 82 场暴雨、43 场台风袭击或影响，木兰溪均未发生重大洪涝灾害，下游 20 多万亩平原、近百万人口不再受水患困扰。

二是水源调配，筑牢供水“蓄水池”。构建“一核多源、北水南送、东西互济、全域统筹”的“三纵三横”水网体系，实施跨海供水等 6 个重大引调水工程，建成金钟等 10 座大中型水库，实现金钟、东圳、外度三大水源联调互补，提高水资源供给、输配能力。开展水资源消耗总量和强度双控行动，注重工业节水减耗、生活节水减排、农业节水降损等，2023 年年底，全市用水总量控制在 12.5 亿 m^3 以内，万元 GDP 用水量控制在 39m^3 以内，万元工业增加值用水量控制在 20m^3 以内，农田灌溉水有效利用系数提高到 0.572 以上。

三是供排一体，构建饮水“微循环”。加快全省首批农村生活污水提升治理试点市建设，探索城乡供排水一体化治理模式，创建“污水零直排区”试点村 60 个，建成城镇生活污水管网约 1200km，城市污水处理率达 92％。建立“大水源、大水厂、大管网”为主、简易自来水设施为辅的城乡一体化供水体系，建成千吨万人以上水厂 39 处，巩固提升 43 万

木兰陂（姜恒　摄）

人农村饮水安全，自来水普及率达95%以上，实现“有水喝”向“喝好水”转变。

（二）治理水环境，做优净水清波“水文章”

统筹山水林田湖草沙系统治理，实施“千古木兰溪、百里江山图、十里风光带”工程，“荔林葱郁、白鹭翔空”成为百姓家门口的“诗和远方”。

一是激活治理“一池春水”。颁布实施木兰溪流域、东圳库区水环境等保护条例，将木兰溪干流两岸1km和汇水支流两岸500m划为“禁养区”，关停沿岸小散乱污企业3000多家，拆除养殖场超3500户。以河长制为牵引，建立“警务＋司法＋监委”多元监督平台，首创河长日、双河长、民间河长、企业河长等机制，形成多元参与护水格局。建立流域水环境信息“一张图”，研发河长综合管理平台，推进“天空地”一体化水环境监控，实现全过程闭环式数字化管理，涉河问题整改销号率100%。

二是打造城市“生态绿肺”。串联木兰溪沿线河网水系、湿地、荔枝林等生态敏感区，形成“森林围城、碧水穿城、林水相依、林路相衬、村居镶嵌”的水生态系统空间格局。统筹实施木兰溪下游水生态修复与

东圳水库（黄尚德　摄）

治理工程，建设以南北洋河网为重点的安全生态水系。10 年间，莆田倾力打造 65km^2 的城市“绿心”，完成绿道体系建设 458.8km，生态绿心保护修复项目获评中国人居环境范例奖。

三是畅通最美“家乡河”。实施水系连通、引水活脉、联排联调等，推进木兰溪与下游 399 条内河互连互通，开通绥溪公园至白塘湖、玉湖的“水上巴士”，重塑水陆相通、景观相连的“水乡风貌”。攻坚木兰溪流域水质提升、“六清六化六方”等行动，生态综合整治干流河道比例超过 70%，主要流域水质优良比例达 95%，小流域Ⅰ～Ⅲ类水质比例达 100%，“生态红利”已转为“宜居指数”，获评水生态文明城市等多项国家级荣誉。

（三）发展水经济，构筑人水和谐“幸福城”

坚持“四水四定”原则，科学划定生产、生态、生活空间，融合提升流域水文化、水景观、水产业等功能布局，让木兰溪成为引领莆田高质量发展的生态带、文化带、健康带、产业带、创新带。

一是以水定城，蕴一城繁华。以木兰溪综合治理统筹城乡发展，推动从“拥溪发展”到“跨溪融合”，带动一溪两岸连片发展。推进木兰陂、绥溪等 24 个片区高质量发展，打造三江口啤酒小镇、仙游艺雕小镇等沿线特色小镇，开启城市沿溪跨溪发展新阶段。10 年间，莆田市建成区面积从 69.24km^2 拓展到 142.24km^2，城镇化率提升至 63.5%，两岸“三馆一宫”等新地标拔地而起，已成为山水诗画的生态韵城。

绶溪一角（蔡新添　摄）

二是以水兴业，育一地产业。立足水资源禀赋，推动绿色低碳转型和高质量发展，以木兰溪为轴，沿岸布局数字经济、海洋经济、绿色经济、文旅经济等 12 条重点产业链，全面优化临港产业布局。通过河湖治理，为沿岸的华林、仙港等园区打造绿色发展空间，以绶溪文创中心、泗华郊野公园为试点，探寻一溪两岸产业绿色化发展；以木兰溪抽水蓄能电站为支点，通过科技创新推动绿色发展，促进流域服务自然与服务社会相和谐。10 年间，莆田市地区生产总值翻番，年均增长 8.5%。

三是以水传文，承一方文脉。以创建国家历史文化名城为契机，保护沿线历史遗迹，复原溪网内萝苜田历史文化街区等人文历史，从水资源利用方式、管理制度等多层面多视角挖掘莆田地域特色水文化，全力保护好木兰陂、镇海堤等 11 处国家、省级水文化遗产。依托河、湖和湿地等资源，保留溪道乡愁野趣，发挥好东圳水库国家水情教育基地，打响兰溪沿岸“九鲤飞瀑”“圳湖映碧”“白塘秋月”等景点，带动流域沿线生态观光发展。

三、经验启示

（1）始终坚持高位推动。木兰溪能实现“水患之河”到“生态之河”的华丽转身，成为助推经济发展的“发展之河”，归根结底在于莆田市委、市政府能够牢记总书记嘱托，20多年传承接力，深入理解并践行“绿水青山就是金山银山”的理念。要持续高位推动、高位谋划、高位施策，坚持生态优先，让其成为发展的准则、保障、底线，正确处理生态环境保护与经济社会发展的矛盾，坚持走保护和发展协调共进的路线，推动流域高质量发展。

（2）始终坚持全域统筹。在流域治理的过程中，莆田市始终坚持科学引领，立足山水林田湖草沙生命共同体，着力突破就水治水的片面性，从全流域系统治理的角度寻求科学系统的治理修复之道和保护办法。在今后的治理过程中，依然要既考虑防洪治理，又考虑生态保护；既考虑水利设施安全适用，又考虑和谐景观；既考虑经济发展，又考虑民生需求，最终实现全流域系统治理与经济发展的平衡统一。

（3）始终坚持因地制宜。木兰溪系统治理取得的每一次进步、生态保护的每一项成果、高质量经济的每一年发展，都离不开因地制宜的精准施策和适度前瞻的体制机制创新。要持续创新与突破河湖管护、监管方式、生态保护补偿等机制，通过创新打破原有的束缚和既定的框框，以生态保护的思想作为引领，以健全细致的考核奖惩机制为推手，推动思想立人、机制促人、制度管人、考核催人，将各项绿色协调发展的规划思路和责任目标落到实处。

生态产品价值实现的木兰溪实践

【摘　要】 木兰溪治理，是习近平总书记亲自擘画、全程推动治水和生态保护工作的先行探索。经过20余年的接续努力，木兰溪从曾经的“水患之河”变成了现在的“安全之河”“生态之河”“幸福之河”，成为全国第一条全流域系统治理的河流、全国首批十大“最美家乡河”、全国首批示范河湖，实现了“变害为利 造福人民”的目标。木兰溪生态文明建设实践入选中组部主题教育案例，木兰溪综合治理写入国家“十四五”规划和2035年远景目标纲要，生态文明建设的木兰溪样本全国瞩目。

【关键词】 木兰溪　生态产品　价值

【引　言】 习近平总书记在闽工作时指出，“青山绿水是无价之宝”“要把生态优势、资源优势转化为经济优势、产业优势”。近年来，莆田市充分发挥改革“试验田”作用，坚持系统部署、重点突破、试点先行、逐步推开，初步探索出了一条符合发展规律、具有莆田特色的生态产品价值实现之路。

一、基本概况

1999年木兰溪流域治理开始以来，莆田市通过全面治理河道、全程收集污水、全域调度水源、全民自觉行动，持续抓好木兰溪全流域提升工作。省委、省政府专门出台政策支持莆田践行木兰溪治理理念、建设绿色高质量发展先行市。木兰溪的全面治理，也开启了莆田市的绿色发展道路。全市经济发展质量不断提高，2023年GDP突破三千亿大关，完成3070.7亿元，是建市之初的494倍，年均增长12.6%。三产结构由建市之初的49.1∶26.4∶24.5调整为4.9∶49.0∶46.1，实现了从“一二三”到“二三一”的转变，产业结构更趋优化。

二、主要做法

莆田市通过实施木兰溪全流域系统治理和两岸生态修复、可持续经营开发和流域保护补偿等方式，实现木兰溪的生态价值，为全市高质量发展提供主线和脉络。

（一）夯实基础，提高生态产品价值

在全国率先开启“防洪保安、生态治理、文化景观”三位一体治理模式，实现“人水和谐、产城融合”。

一是划定高压线坚持零容忍。制定《木兰溪全流域治理生态提升规划》，划定河道岸线、蓝线等保护控制线，在全国率先分级确界竖桩，厘清断面责任。实施主要流域全面禁止新建水电站、石材加工、矿山开采等项目，畜禽养殖场、排污企业全搬拆。

二是深化河湖管护机制。实行流域双河长，督导问题河道，在全国率先开创外企认养河道先河，率先实行河长日，将每个月 20 日设为河长日，规范河长常态化履职。建立河长综合管理平台，推进河务监管网格化、信息化。

三是建立法治化护航防线。出台《莆田市东圳库区水环境保护条例》《莆田市湄洲岛保护管理条例》《莆田市木兰溪流域保护条例》等法规。建立“部门协作＋区域联动”生态护河机制，实现“协同预防、快查快办”。公检法、农林水、环保等部门联动执法，在全国率先同步设立法院、检察院服务河长制工作站和河道警长。

河道警长巡查（图片来源：涵江区河长制办公室）

（二）多点发力，实施生态修复和保护补偿

一是推进蓝色海湾整治。通过自然岸滩整治及修复、海岸带生态修复、湿地生态修复等，提升海岸线稳定性和入海口水质提升。同时设计严格的保护区、缓冲区来保护湿地动植物的自然环境，维持滩涂生态系统的完整，突出滨海湿地的自然特征，优化生态系统，建构空间体系，达到“绿色生态”与“蓝色经济”之间的平衡。

二是实施流域生态补偿。制定《木兰溪流域生态补偿办法》，主要针对木兰溪流域下游地区（以木兰陂为界）的荔城区、涵江区、秀屿区，市级财政按照上年度市财政总收入的3‰，并积极争取中央、省级财政专项资金补助上游地区仙游县、城厢区的水生态环境保护，每年可筹集6000万元左右补偿金。

三是保护城市“绿心”。依托发达的南北洋水系，在主城区内保留一片65km^{2}的生态绿心保护体系，保护荔枝林6000亩，建成荔枝林景观带11条，形成“城市绿肺”，水面率达15%以上，生态绿心保护修复项目荣获“中国人居环境范例奖”。

（三）重点突破，推动可持续经营开发

全面推进木兰溪流域可持续的综合开发，为提升人居环境和实现生态产品价值奠定基础。

一是推进木兰溪南岸全域土地综合整治试点项目建设。将木兰溪南岸生态建设列入土地整治提升的重点区域，统筹山水林田湖草系统治理，将南岸邻河侧无序的村庄建设用地、零散废弃工业厂房用地进行集中复垦，并全部划入永久基本农田，作为“万亩方”生态廊道予以保护，打造木兰溪生态治理的样板区域，逐步构建“农田集中连片、乡村集聚美丽、产业融合发展”的新格局。

二是推进木兰溪绶溪片区生态环境导向（EOD）开发项目。木兰溪绶溪片区项目入选第二批生态环境导向的开发（EOD）模式试点项目名单，将荔枝林保护、内河整治、文化传承、经营性产业开发等进行系统集成和一体化推进，精心建设“山水林田湖草城”有机融合的“城市客厅”，实现产业收益对生态环境治理的有效反哺。

三、生态价值实现成果

一是创新建立“两山”转化机制。出台木兰溪流域“两山”基地建设实施方案，结合流域不同区段特色，在木兰溪上下游生态补偿、“壶兰耕读”区域公共品牌等方面，推出一批典型案例，获评全国“绿水青山就是金山银山”实践创新基地，是国内首家以流域为单元创建的“两山”基地，有力推动“水生态”与“水经济”协同发展。

二是推进重大项目落地见效。木兰溪下游水生态修复与治理项目入选 7 个全国重点流域水生态修复综合治理示范项目之一，木兰溪全流域国土绿化项目入选全国试点，木兰溪防洪工程获评国家水土保持示范工程，木兰溪全流域系统治理经验列入国家发改委印发的《国家生态文明试验区改革举措和经验做法推广清单》。

三是建立健全绿色金融体系。出台发展绿色金融支持碳达峰碳中和行动的“木兰方案”，在全省率先推动碳减排支持工具落地。截至 2023 年，全市碳减排支持工具发放金额全省第三、支持煤炭清洁高效利用专项再贷款发放金额全省第二，绿色信贷余额 173.8 亿元、增长 34.1%。利用“莆惠金服”平台，建立绿色金融专区，并对企业社会责任进行评估。目前，已经上线 12 款绿色信贷产品，1000 多家企业参与评估。

（本案例 2024 年 8 月 10 日列入全国生态日福建生态产品价值实现机制十大典型经验）

莆田市创新木兰溪管护“五十”模式

【摘　要】 2019年9月，在黄河流域生态保护和高质量发展座谈会上，习总书记语重心长地嘱托，让黄河成为造福人民的幸福河；11月，木兰溪入选水利部首批示范河湖创建名单。示范建设期间，莆田市牢记习近平总书记殷切嘱托，按照“重在保护、要在治理”的要求，以示范河湖创建带动全域幸福河湖建设，创新“五十”管护模式，统筹“持久水安全、优质水资源、健康水生态、宜居水环境、先进水文化”，将木兰溪打造成为“河畅、水清、岸绿、景美、人和”的幸福河。

【关键词】 河湖长制　管护机制　幸福河湖　木兰溪

【引　言】 木兰溪治理，是习近平总书记亲自擘画、全程推动治水和生态保护工作的先行探索，他提出了“变害为利 造福人民”的愿景目标、“既要治理好水患，也要注重生态保护；既要实现水安全，也要实现综合治理”的总体要求和“采取分期分阶段渐进治理，能够马上治理的要及时治理，不能马上治理的要制定长远目标”的工作方法，为木兰溪治理指明了方向，擘画了蓝图。

一、背景情况

近年来，莆田市深入践行习近平总书记治理木兰溪的重要理念，一张蓝图绘到底，围绕监测吹哨、管养报到，开展全方位保护、全流域治理、全链条监管“三全”协同，统筹推进山水林田湖草沙系统治理，坚持以水定城推动经济高质量超越发展，深化河湖长制工作，形成了生态保护与经济发展协调平衡的长效机制，把木兰溪建设成为造福莆田人民的“幸福河”和推动莆田经济腾飞的“发展之河”。在治水理历程中形成了“牢记宗旨的担当精神”“系统治理的科学精神”“无惧困难的斗争精神”“久久为功的奋斗精神”等木兰溪治水精神，为南部地区及至全国示范河湖建设提供经验借鉴，获得全国推广。

二、主要做法

（一）政企合力，探索“专项＋清单”项目管理模式

一是集中运作管理。政府统筹、整合打包生成大项目，再交国企市场化运作。2021年，30亿元的木兰溪下游水生态修复和治理工程列入国家150个重大水利项目。

二是任务清单管理。根据项目的目标和重点，落实任务清单、责任清单、进度清单管理，定期召开会商调度会，加快项目建设。

（二）科技驱力，拓展“科技＋交叉”智慧管理新手段

一是“水陆空”立体交叉巡河。船只在水面找准问题“点源”；专管员在河堤找问题“内源”；无人机在空中找问题“面源”，绘制动态“河流现状示意图”，实现精细化管理。

二是建立河长综合管理平台。引入信息化管理，提升预警、快速处置能力，逐步实现“监测吹哨、管养报到”。木兰溪治理能力现代化案例荣获全省生态云应用典型案例一等奖，具有典型的示范推广作用。

无人船巡河（图片来源：莆田市河长制办公室）

（三）水岸协力，实施“水中＋岸上”一体保洁新举措

一是社会化服务。通过政府采购，引入环卫服务一体化的综合企业，实现机械智能化、管理智慧化、作业精细化三位一体的“水岸协同

保洁”。

二是水岸一体保洁。推行属地管理，探索以“企业承包、政府群众共同监督”，统一负责路面与河面保洁。

河道及两岸保洁常态化（图片来源：莆田市河长制办公室）

（四）净水助力，创新“清水＋亲水”尾水处理新技术

一是新工艺提标。政府投资开展污水处理厂改造，污水处理厂尾水排放由一级B标准提升至一级A标准；排放的尾水再经过湿地植物、生态导流滤堤、人工水草等新工艺处理，得到进一步净化。

二是新理念亲民。通过建设步道、景观桥、观景平台等配套设施，将污水处理厂打造成湿地公园，提升群众的获得感、幸福感、安全感。

涵江白塘陈桥滨河步道（蔡昊　摄）

（五）校地齐力，开启“地方＋高校”产研合作新篇章

一是专家领航。木兰溪治理是一个多专业融合、多过程联动、多部门协调、多因素影响的系统工程，聘请有关部门、科研院所、高校智库的专家学者组成专业团队，统筹谋划提升全流域治系统治理，为党委政府决策提供参考。

二是院地合作。发挥高校前沿的科研力量，莆田市人民政府与河海大学战略合作签约，并成立河海大学木兰溪生态河湖研究院。通过合作机制的建立，把河海大学的人才、科技优势与莆田的资源、产业优势有效结合，助力莆田技术创新及特色产业发展，为莆田木兰溪流域治理保护提供人才保障和智力支撑，共同打造出一个地方支持高校发展、高校助推地方建设的合作典范，共同打造提升木兰溪生态文明样本，共建幸福河湖，助力全方位推动高质量发展超越。

三、经验启示

（一）不忘初心，讲述一段美丽中国的“木兰溪”故事

木兰溪源远流长，是莆田市的母亲河，木兰溪的历史就是与水患灾害持续不断的斗争史。20多年来，莆田市委、市政府秉承习近平同志的治水理念，主动回应人民群众对美好生活的期待，以坚持不懈、久久为功的努力，一张蓝图绘到底，一任接着一任干，以为民治水的初心、系统治水的智慧与生态治水的实践，谱写了一曲盛世治水的恢宏篇章。如今，木兰溪已实现从“水忧患”向“水安全”华丽转身，从“水生态”向“水经济”的迈进飞跃，见证了一座城市、一个流域在中国共产党领导下的沧桑巨变，成为新中国水利史上“变害为利 造福人民”的生动故事写照。

（二）牢记使命，打造一个幸福河湖的“木兰溪”网红地

从系统工程和全局角度推进木兰溪流域系统治理、协同治理、源头治理，形成一批治水效果明显、管护机制完善、示范引领显著、群众获得感满意度高、可复制可推广的典型经验，打造一张造福人民的幸福河湖“木兰溪”名片，推动兴化湾、平海湾、湄洲湾三大湾高质量发展超

越起到示范引领。木兰溪被省委党校授予“省级现场教学科研基地”，木兰溪治理展示馆获评省爱国主义教育基地、习近平新时代中国特色社会主义思想实践示范基地，成为省内外干部、党员参观学习考察的“网红地”、周边群众休闲出行的“打卡点”。

涵江区“四个抓手”打造幸福河湖

【摘　要】 自全面实施河湖长制工作以来，涵江区各级各部门以河长制、河长日为抓手，全面贯彻落实莆田市幸福河湖建设任务，把做活做美“水文章”作为提升群众获得感、幸福感的重要落脚点。在涵江区，只见一条条河流串联起区域的“绿色项链”，一条条街道链接起区域的“绿色动脉”，市民享受的“绿色福利”越来越多，幸福感越来越强。

【关键词】 幸福河湖　示范典型　河湖综合整治　四个抓手

【引　言】 莆田市涵江区以木兰溪全流域系统治理统揽生态文明建设，统筹山水林田湖草沙系统治理，系统推进水资源、水环境、水生态、水安全、水文化、水经济，擦亮生态底色，把准方向、系统推进、久久为功，打造人与自然和谐共生的生态河、智慧河、幸福河。本案例介绍涵江区建设幸福河湖的背景情况，建设过程中的主要做法和取得的成效，以及在工作推进中得到的经验启示。

一、背景情况

涵江，由水得名，由水而兴，由水建城。涵江全区境内水系密布，溪河纵横，湖塘沟渠众多，主要河流有木兰溪、萩芦溪以及龙江溪三大水系，共有大大小小河道150多条，总长达531km，白塘湖、外度水库、东方红水库3个湖泊（水库）纳入区级湖长制管理。全区河湖长全面覆盖，共设置区级河湖长6人、镇级河湖（段）长139人，并聘请河道专管员58人落实河湖管护“最后一公里”。

近年来，涵江区持续深入贯彻落实习近平生态文明思想、习近平总书记治理木兰溪的重要理念和建设“幸福河”的重要指示精神，认真落实省委、市委关于河湖长制工作部署，以“四个抓手”（抓创建、抓治理、抓管护、抓创新）创建幸福河湖，持续深化河湖长制，推动各级河湖长履职尽责，河湖管护体系不断完善，不断推进水环境、水生态、水安全、水文化、水经济，取得了较好成效。

二、主要做法和取得成效

(一) 抓创建，打造一批幸福河湖示范

涵江区各级各部门积极作为、落实资金、启动项目、治理河湖、修复生态，建设幸福河湖。围绕《莆田市幸福河湖评定管理办法（试行》等文件精神，选定梧梓河—西河公园—宫口河作为区级幸福河湖创建示范，各乡镇（街道）各选定一个以上示范河湖创建。随着创建活动的深入开展，涌现出一批各具特色的河湖长制及幸福河湖示范典型。

1. 梧梓河“水景观十运动休闲”

依托水环境综合治理PPP项目，通过截污控源、河道整治、景观岸绿等工程措施，系统治理梧梓河至宫口河水环境，新建西河公园占地46800m^2。曾经的河道卡口也已成通渠，四处皆是碧水环流，生态漫道打造集城市防洪、城市生活、休闲运动及慢行系统于一体的城市生态基础服务的复合性河流景观廊道，提升了城市品质。

2. 萍湖村“水生态十生态农业”

位于萩芦溪上游的庄边镇萍湖村立足优越的山水生态资源禀赋，依托河道治理工程建设，创新实施农村积分管理项目，将村民在参与农村治理与爱河护河过程中的行为表现转换成积分，极大调动公众参与，促进人居环境整治提升，并以水美环境促进了乡村振兴，实现了“绿水青山就是金山银山”的有效转换。

3. 崇福村“水环境十休闲旅游”

萩芦镇崇福村依山傍水，拥有太平坡古迹、萩水湖及山地自然环境、田园风光等资源。在推进河长制工作中，围绕绿色生产方式和生活方式，大力发展休闲旅游项目，构建乡村生产、生活、生态相适宜的格局。

4. 洋尾村“水文化十传统村落”

白塘湖畔洋尾村作为省级历史文化名村和省级传统村落，有着丰富的历史文化资源和“逐水而居，环湖而生”的水乡风貌，依托良好生态自然资源及古建筑文脉，村内基础设施不断完善，特色古民居示范村品牌逐渐打响。

5. 双福村“水经济＋少数民族”

白塘镇双福回族村地处莆田市木兰溪下游，河沟纵横，水系发达。近年来，该村筹资1000多万元建设滨水步道，整合古民居、古荔枝树、天然水系等资源，引入茶空间、民宿、采摘农业等新业态，打造集旅游、研学、休闲、观光于一体的少数民族风情旅游村落。国家民委授予双福村“第三批中国少数民族特色村寨”。

水乡双福村（李翔　摄）

6. 大洋村“水元素＋红色基因”

龙江溪源头大洋村是库区环境整治示范村。近年来，大洋村实施垃圾治理、污水治理等30个库区移民项目，移民补助资金约2500多万元。大洋村围绕“红色闽中、生态大洋”的建设目标，持续推进大洋闽中红色旅游基地建设，统筹红色文化与绿色山水、古色乡村的联系，打造旅游教育多功能基地。

（二）抓治理，加强河湖综合整治

1. 推进水环境综合治理项目

坚持系统治理、源头管控、划片分区、整体推进，实施涵江区水环境综合治理一期工程PPP项目。项目于2019年9月开工，工期3年，目前完成投资10.6亿元，雨污分流改造小区135个，新建雨污及沿河截污管道42km，完成河道清淤30km及景观岸绿等，治理成效凸显。宫口河、望江河、水心河等建成区内河消除黑臭并稳定达标。

2. 推进水生态修复项目

实施东泉溪、庄边溪、湘溪、梧梓河、塘头河、溪口河等河道治理项目，综合治理河道长32km，投资5800多万元，通过清淤疏浚、生态护岸、景观建设等工程措施，构建“河畅、水清、岸绿、景美”农村水系环境；建设城涵河道（涵江段）园林工程及水上巴士项目，全长4.8km，总投资1.16亿元，建设内容包括沿河步道、护岸、清淤以及新改建桥梁8座等，恢复昔日的黄金水道，重塑水陆相通、景观相连、行游相宜的“水乡风韵”；加大木兰溪河口生态保护与修复，实施三江口蓝色海湾整治项目，投资8300万元，整治河口海滩面积124hm^2，清退海域和滩涂养殖，种植红树林，修复黑脸琵鹭栖息地保育，恢复其生态功能。

3. 推进生活污水治理项目

（1）攻坚农村生活污水治理。庄边镇白沙桥水质提升项目已完工，梧塘镇污水治理工程、白塘镇农村生活污水治理工程正在开展入户接驳。同时，投资2521万元推进江口镇、白沙镇7个村的生活污水治理。

（2）攻坚农村黑臭水体治理。国欢镇潭尾村内河沟通过清淤疏浚、生态补水、污水收集及一体化泵站建设进行整治，于2022年2月消除黑臭；白塘镇埭里河网持续清淤中。

（3）攻坚城镇生活污水收集处置。结合高林街北伸市政道路建设、新涵工业集中区基础设施建设（新澄路、雪津路、亿发路）等市政道路配套管网建设，以及荔涵大道（新涵大街至赤港路）污水管道改造、涵三路污水管道提升改造等项目实施，截至目前已完成污水管网建设10.5km。

（三）抓管护，推动河湖治理能力提升

1. 河湖长履职常态化

区、镇河长切实履行好“每月一巡河、每周一巡河”职责，带头表

宫口河治理后（方益凡　摄）

率开展“河长日”活动，协调整治河湖堵点、难点、重点问题，当好施工队长。2023年区级6名河长和镇级138名河长完成巡河3961人次，解决突出涉河问题102个。

2. 部门治理系统化

巩固河湖“清四乱”整治、农业面源污染治理、水产养殖治理三项提升工程。2023年，全区排查整治“四乱”问题共299处，面积共1916m^2，规模养殖场畜禽粪污综合利用率达93%以上，全区使用农药同比减少2.54%，推广测土配方施肥面积10.2万亩。同时，深化工业污染治理、入河排污口治理协同治理行动，全面排查高新技术园区、新涵工业园区432家企业，发现并督促整改39家企业，接管率达到100%；持续推进全区入河排污口巡查、整治，有效巩固排污口整治成效。

3. 河湖管护社会化

近年来，河湖两岸民间河长、“巾帼河长”志愿服务队、“河小禹”青年护河队、党员河长、河道警长等不同的社会群体参与到河湖管理保护的队伍中来，形成上下联动、全民护河的良好态势，绘就生态底色，守护碧水清波。

4. 实行购买服务保洁

在全市率先推行“多位一体”工程包政府购买服务运作模式，由福建东飞环境集团公司对城区平原9个乡镇的河道实施保洁、漂浮物打捞、驳岸卫生保洁、水浮莲打捞及垃圾杂物转运，实现内河环卫常态化、专业化、标准化。

（四）抓创新，构建常态化管护高效机制

1. 一个活动造势强化护河氛围

2021年6月，涵江区在每月党政主要领导河长日的基础上，延伸开展“主题河长日”活动，进一步做响“河长日”品牌。每个月由乡镇（街道）轮流承办，围绕各自河长制工作创新特色和亮点，设定一个主题，结合重要节庆日、宣传日等组织“主题河长日”活动。目前已持续开展“主题河长日”12场次，通过推广萩芦镇“河小禹”青少年护河、江口河警长“六员”共护河湖机制、国欢镇推进农业面源管控、涵西街道启动巾帼河长、庄边镇党建引领幸福河湖助力乡村振兴、涵东街道河长制办公室标准化、白沙镇启动河面清洁河道清乱行动、三江口镇多方联动共护木兰溪入海口、梧塘镇联动开展保护母亲河等基层河长制经验做法，展示基层河湖长制工做法和成效，打造河湖长制工作社会各界参与和宣传平台，进一步营造河湖保护人人关心、人人参与、人人有责的浓厚氛围。

2. 一支队伍改革强化一线巡河

统筹整合改革专管员队伍，通过社会化招聘及“专职化管理、清单化巡河、规范化报告、定期化培训、绩效化考核”的常态化管理，组建了一支专业、年轻、规范的河道专管员队伍。通过交叉巡河、错峰巡河、专项巡河等方式，2023年共排查上报涉河问题4491个，整改率100%。切实做到问题发现在一线、解决在基层，初步形成河湖问题“专管员吹哨、管护报到”的高效机制。

3. “六方”联动执法强化司法助力

通过开展法院、检察院、公安、职能部门、属地政府、河长办“六方”联防联动专项执法行动，创新建立了“河长＋庭长＋检察长”“河长＋生态岗”“河长＋志愿者”等工作机制，对侵占河道、沿岸种植、水产养殖等进行执法，充分发挥了公检法等司法力量在河湖治理、违法案件查处、生态损害公益诉讼的法律监督职能。同时，通过多方联合设立木兰溪入海口生态保护（三江口）驿站、木兰溪流域生态保护法治实践基地以及推动生态修复补偿具体实践活动，为加快推进木兰溪流域水安全、水生态、水经济建设，建设人与自然和谐共生的美丽涵江提供良好的司法保障。

三、经验启示

（一）强化目标导向，注重幸福河湖创建质量

注重幸福河湖创建质量，不断强化目标导向，严格创建要求。以水质论英雄，确保木兰溪、萩芦溪干流国省控断面Ⅰ～Ⅲ类水质比例稳定在100%，省控流域Ⅰ～Ⅲ类水质比例稳定达95%以上，确保流域水质年度考核指标“只能变好不能变差”，切实确保幸福河湖创建质量。

（二）强化问题导向，注重幸福河湖源头治理

创建幸福河湖，系统推进，久久为功。在创建过程中不断认清和解决“什么是”“为何建”“为谁建”和“如何建”等关于幸福河湖的基础性、关键性问题。在各项具体工作的推进中，强化问题导向，通过污染源等整治、河湖治理项目推进、加大生态补水机制等，推进河湖问题整改，描实河湖生态底色，打牢幸福河湖创建基础。

（三）强化法治导向，注重幸福河湖管护长效机制

依法推进河湖全流域“清四乱”、沿河沿岸垃圾乱象、临河畜禽养殖、企业排污、水产养殖等专项治理，并形成长效机制，不断提高巩固河湖整治成果。

幸福河建设萩芦溪实践

【摘　要】自莆田市全面推行河湖长制以来，涵江区贯彻落实习近平生态文明思想，持续深入推进萩芦溪流域河湖长制工作，全力保障水安全、着力防治水污染、加快修复水生态、严格管控河湖水域空间、节约保护水资源，扎实推进河道生态环境保护治理及长效管理，把做活做美“水文章”作为提升群众获得感、幸福感的重要落脚点，不断满足人民日益增长的美好需求，着力打造人与自然和谐共生的生态河、智慧河、幸福河。

【关键词】河湖长制　幸福河湖示范　河湖系统治理

【引　言】莆田市涵江区以萩芦溪流域系统治理统揽生态文明建设，统筹山水林田湖草沙系统治理，系统推进水资源、水生态、水环境、水经济，擦亮生态底色，把准方向、系统推进、久久为功，打造人与自然和谐共生的生态河、智慧河、幸福河。本案例介绍涵江区建设萩芦溪的背景情况，建设过程中主要做法和取得的成效，以及在工作推进中得到的经验启示。

一、背景情况

萩芦溪是莆田境内第二大河，河流短促，发源于仙游县游洋镇馨角山，经莆田市涵江区庄边镇、白沙镇、萩芦镇，至江口流入兴化湾，流向台湾海峡。全长 60km，流域面积 709km^2，其中境内有 662km^2。

2002 年，莆田市进行了大规模的区划调整，萩芦溪主要经过地正式归涵江区管辖。此时，溪水污染十分严重，由于溪流两岸盲目发展畜禽养殖，盲目进行矿石开采，再加上有些企业乱排污及沿岸群众乱倒生活垃圾，种植枇杷使用的农药也流入溪中，溪水水质在长期的污染中不断恶化。2004 年，为保护萩芦溪，区政府极力推广牧—沼—果综合模式，同时采取了种种办法，引导农民科学种果，减少农业面源污染；加快溪两岸绿化进程，恢复植被；实施河道清淤、水土流失治理工程。经过前后三年多的治理，至 2006 年年初，萩芦溪治理取得了可喜的成果，溪水

100%达到安全饮用水源水质。

近年来，涵江区持续深入贯彻落实习近平生态文明思想、习近平总书记治理木兰溪的重要理念和建设“幸福河”的重要指示精神，在河湖长制工作中不断强化河长履职，坚持治理推动、监管催动、全民引动和示范带动，巩固提升河流管护水平，建设人民群众幸福河流。目前，萩芦溪流域在水资源、水生态、水环境、水经济等方面已取得了良好的成效，老百姓获得感、幸福感、安全感明显提升，促进了人水和谐共生，实现了河湖功能永续利用。

二、主要做法和取得成效

（一）常态化履职，拉紧河长责任链条

涵江区河湖长全面覆盖，萩芦溪流域现有区级河长 2 名，镇级河长（河段长）58 名，河道专管员 22 名，按照“守河有责、守河负责、守河尽责”的要求，推进河长制工作“有名有责”向“有能有效”转变。落实党政主要领导双河长制度，区委书记连向红、区长郑群星带头每月开展“河长日”活动，坚持深入一线，针对性制定问题整改措施，协调整治河湖堵点、难点、重点问题；区级副河长及分管领导定期开展巡河、定期听取汇报、定期召集专题会议，推进河湖制相关工作落实；镇级河长（河段长）着重围绕“三图”“三清单”要求，坚持每周一巡河，落实管河、护河、治河责任。同时，加强区域协同，与福清市联合建立跨境流域河湖管理保护协作机制，进一步加强萩芦溪河口跨境保护管理工作，确保及时发现和解决跨境流域涉河湖涉水问题。2023 年区级和镇级河长完成巡河 1968 人次，解决涉河重点、难点问题 75 个。完善落实“涉河问题巡查—督办—整改—销号”工作机制，完成河湖问题整改 1688 个，进一步推动萩芦溪流域河湖环境面貌的改善。

（二）系统化治理，提升河湖环境质量

涵江区从水资源、水生态、水环境、水经济四篇水文章入手，加强河湖生态保护，维护河湖健康生命，发挥河湖多元供给，提升治水标准，强化治水举措，加大治水力度，以水起笔谋篇书写新时代幸福河湖创建的涵江答卷，促进幸福河湖共建共治共享。

1. 强化价值实现，管好用好水资源

积极推动水电站生态下泄流量有效整改。目前萩芦溪流域建成乌溪水库1座，加快推进西音水库建设，同时，探索利用现有东圳水库—外度水库连通渠道实现水库间互连互通，逐步实现莆田市金钟、东圳和外度三水源联调互补，建立东西互补、南北相济、水库相连、管道相通、以丰补歉的水资源合理配置体系，强化闽江—木兰溪—萩芦溪水系连通，确保了枯水期水库电站的下泄流量和河流的生态基流，避免河道出现断流。水资源配置骨架持续建设，城镇供水格局基本形成，水资源安全得到有效保障。

萩芦溪（朱少钦　摄）

2. 强化河湖治理，大力做优水生态

（1）严格岸线空间管控。根据萩芦溪干支流河道蓝线划界，有针对性地在能起水质净化作用及景观营造作用的关键节点建设湿地廊道，并注意保留天然的河石、水草、江心洲等原生状态。推进水生生物多样性保护。

（2）开展水生态健康评估和生态修复，设置水生生物固定监测点，持续开展该水域水生生物多样性调查和水生态健康评估，重点实施对江河源头森林植被、重要湿地、野生动植物集中区等关键区域的保护。同时，在萩芦溪庄边段河道实施整治工程等项目，对庄边村、溪西村、梨坑村进行河道综合治理，清淤清障，新建护岸、防洪堤等设施，使萩芦溪流域周边河道生态环境得到有效改善。

萩芦溪江口院里村段（戴国松　摄）

3. 强化底线思维，全面守护水环境

（1）统一规划推进农村污水系统性治理。完成白沙镇、新县镇、庄边镇等乡镇的污水治理工作，从源头上保障萩芦溪水质提升；完善水产养殖尾水收集处理设施，合理布局水产养殖生产；完善入户收集管网，构建农村生活污水治理长效机制。

（2）巩固畜禽养殖污染整治成效。严格落实畜禽养殖污染防治长效机制，完成畜禽养殖禁养区划定调整工作，对“反弹复建”畜禽养殖场（户）一律纳入“两违”处理，持续深入推进山区乡镇的畜禽及水产养殖污染整治。

（3）加强饮用水源地保护。完成外度水库等乡镇级集中式饮用水源保护区勘察定界及水源地周边污染源和风险源名录编制工作，推动饮用水源保护区规范化建设；持续开展集中式饮用水源地环境安全隐患大排查。

4. 强化特色挖掘，持续发展水经济

在全面推行河湖长制的过程中，牢固树立“绿水青山就是金山银山”理念，转化自然生态资源优势，最大限度释放生态红利，推动水经济建设。其中，庄边镇萍湖村以水为魂，以绿为基，通过修缮环溪步道、建设休憩亭、打造萩芦溪畔灯光夜景工程等，让游客望得见山、看得见水、记得住乡愁；依托湘溪实践地，新县镇张洋村塑造“沉浸式幸福河湖”体验空间，打造亲子戏水区、水生态植物景观园、垂钓露营区、房车营地、无刺即食玫瑰园等乡村休闲旅游项目。多维度展现涵江水乡独特魅力，打造特色与水相关旅游品牌，助力经济发展，造福人民群众。

南安陂（谢海生　摄）

（三）精细化监管，保护河湖生态环境

（1）探索智能化、信息化监管模式。推行无人机巡河模式，不仅能缩短巡河时间、观测地势险要河段，也可对巡河监管进行取证，解决了传统巡河模式效率低、监管力度欠缺、考核结果瞒报、扯皮推诿等难点，从而提高了河长考核督导的效率；充分利用信息化手段为水环境治理提供技术支持，在沿萩芦溪（江口段）两侧布设 13 个电子监测眼，设立电子河务警室，实行 24 小时监测。

（2）探索河道监管机制创新。在狮亭桥、南安陂、江口桥等国控省控断面建成水质自动监测站，有效提升水质监测技术水平与监管水平，把控重点监测断面的水质变化，对症下药实施监管；开展环卫“多位一体”服务采购项目，保障全方位、常态化、水岸一体、海陆统筹治理河道垃圾、河岸垃圾；在全区范围内开展河湖“清四乱”专项整治行动，建立台账，坚持边查边改、立行立改、分类施策、明确责任，建立销号制度，做到整改一处，销号一处。

（四）全民化守护，巩固河湖治理成效

（1）在群体参与上。利用“3·9”保护母亲河日、“3·22”世界水日等重要的节假日，常态化开展“河湖长制”宣传进校园、进社区、进企业等活动，提升全民保护河湖的意识。率先启动民间河长、“巾帼河长”、河道警长，积极发动“河小禹”青年护河队、党员河长、志愿者服务队等不同的社会群体参与到河湖管理保护的队伍中来，形成上下联动、全民护河的良好态势。

（2）在司法联动上。通过开展法院、检察院、公安、职能部门、属地政府、河长办“六方”联防联动专项执法行动，探索建立“河长＋庭长＋检察长”“河长＋生态岗”等模式，探索补植复绿、增殖放流等生态修复机制，督促被告人缴纳生态损害赔偿金73.7万元。同时，起诉破坏环境资源犯罪5件6人，督促缴纳生态修复补偿金87万余元，充分发挥了公检法司力量在河湖治理、违法案件查处、生态损害公益诉讼的法律监督职能，加快水生态修复，全力构筑多部门携手护河的治理新格局。

（3）在人大监督上。2022年8月涵江区率先启动“人大代表监督员”，印发《涵江区各级人大代表监督实施河湖长制工作方案（试行）》，按照“代表＋河长”模式，人大代表监督员对全区河湖进行全覆盖监督巡河，发现问题立即整改，持续监督，确保河湖面貌持续向好。

湘溪（黄智三　摄）

（五）示范化建设，助力基层能力提升

（1）河长制办公室标准化建设。按照“六个一”（一个体系落实、一套制度保障、一张作战图治理、一个标识巡河、一个规范处置流程、一个智慧管理平台）要求，开展江口、新县赤港等3个镇级河长制办公室标准化建设，推进萩芦镇、白沙镇等两个镇级河长制办公室标准化建设提档升级。打造萩芦溪、深溪两条幸福河湖示范段，完成两个河湖主题公园建设。

（2）创新开展“主题河长日”活动。在每月党政主要领导“河长日”的基础上，延伸开展“主题河长日”活动，由乡镇（街道）轮流承办，通过推广“河小禹”青少年护河、河警长“六员”共护河湖机制、幸福河湖助力乡村振兴、人大监督员巡河等基层河湖长制经验做法，展示基层河湖管护实效，搭建河湖长制工作宣传、参与平台，进一步营造河湖保护人人有责、人人尽责、人人享有的浓厚氛围。

（3）率先垂范，打好生态牌。正是因为不断向纵深推进河湖长制工作，在构建常态化长效化管理机制等方面下功夫，涵江取得巨大生态成果，2023年主要流域水质达标率100%、小流域水质优良比例100%，获评全省城乡建设品质提升综合绩效优异区。苏洋陂、东方红水库等两处水工程入选福建省第一批河湖文化遗产，节水型社会建设达标县通过省级验收，实现生态效益、文化效益、安全效益和经济社会效益相统一，持续丰富人、水、城和谐共生新内容，打造生态河、智慧河、幸福河的涵江样板。

三、经验启示

（一）合力聚共识，多元化创新“河湖长制”

萩芦溪沿线江口镇首创的民间河长制度，公开招募社会责任感强、基层号召力大的侨民乡贤组成民间河长参与巡河治水，既可以加强公众参与感，发挥积极示范带动作用，提高群众参与河湖保护的意识，又能够高效提升水生态环境质量，切实做活“水文章”，打好“生态牌”。同时，萩芦溪流域创新开展莆榕两市协作机制，联合相邻地市河长制办公室共同开展萩芦溪（三叉河）河口保护管理工作，依托河湖长制工作平

台，建立联络员、信息共享、快速反应处理、定期会商四个方面的协作机制，确保及时发现和解决跨境流域涉河湖涉水问题。

（二）河海齐联动，推动水陆一体、陆海统筹

萩芦溪作为兴化湾入海河流，水生态环境的建设既与岸线生态挂钩，也与海洋环境息息相关。基于此，涵江区将河道保洁、道路清扫保洁、市容环卫清扫保洁、海漂垃圾等统一纳入新一轮环卫“多位一体”服务采购项目，全方位、常态化、水岸一体、海陆统筹治理河道垃圾、河岸垃圾问题，并在入海口设置漂浮拦污网，定期清理拦污网堆积的垃圾，提高末端拦截能力，防止上游河道垃圾漂流入海，由陆海统筹推动河海联动。

（三）治水共发力，精准施策推广综合治理

创建萩芦溪幸福河湖，需系统推进，久久为功。在创建过程中不断认清和解决“什么是”“为何建”“为谁建”和“如何建”等关于幸福河湖的基础性、关键性问题。在各项具体工作的推进中，强化问题导向，通过污染源等整治、河湖治理项目推进、加大生态补水机制等，推进河湖问题整改，描实河湖生态底色，打牢幸福河湖创建基础。同时，注重幸福河湖创建质量，不断强化目标导向，严格创建要求。以水质论英雄，确保萩芦溪干流国控省控断面Ⅰ～Ⅲ类水质比例稳定在100%，省控流域Ⅰ～Ⅲ类水质比例稳定达95%以上，确保流域水质年度考核指标“只能变好不能变差”，切实确保幸福河湖创建质量。

北岸创新打造多功能组合潮汐式湿地

【摘　要】紫玉湖生态景观工程作为北岸经开区的重要生态治理项目，不仅承载着改善区域环境质量的重任，更是推动地方经济转型升级的关键举措。北岸以湖心岛为核心，构建潮汐式湿地，增强水体自净能力，恢复水生、湿生、陆生植被群落，成为生物多样性的重要栖息地。同时，联合执法打击非法捕捞，保护渔业资源和水生态环境，并打造白鹭栖息地，促进人与自然和谐共生。此外，北岸还挖掘文旅资源，规划建设康养社区和特色景点，助力地方文旅经济发展，实现生态效益与经济效益双赢。

【关键词】河长制　幸福河湖　生态治理

【引　言】北岸经开区牢固树立和践行绿水青山就是金山银山的理念，坚持尊重自然、顺应自然、保护自然，统筹山水林田湖草沙系统治理。紫玉湖原是山亭镇港里村的一个围垦养殖区，随着妈祖城核心区和妈祖健康城的开发建设，功能逐渐转变为周边防洪排涝的滞洪湖，通过莆田市蓝色海湾整治行动项目（湄洲湾北岸段），将其打造成兼具防洪排涝的景观湖。本案例旨在深入剖析紫玉湖生态景观工程的背景、主要做法、成效及经验启示，为同类项目的实施提供有益借鉴和参考。

一、背景情况

紫玉湖生态景观工程以湖心岛为主要节点，利用浮桥栈道串接整个湿地形成生态休养步道；同时利用现有地形，结合岛屿浅滩和林地，打造潮汐式可淹没的浅滩湿地和林下湿地，形成多功能组合潮汐式湿地，并梳理水流运动轨迹，打通原有死水区，增加水流运动畅通性，提升水的自净能力，再通过实施生态修复 10.79hm^2，区域构建生态岛和缓冲植被带，恢复形成水生、湿生、陆生等多样化植被群落，在不同水位下形成季节性变化，增加生态环境的异质性，提高生态环境质量，成为不同的生物栖息地，发挥水源涵养、生物多样性维持、湿地生产力等重要功能，水环境综合治理取得初步成效，实现“湖畅、水清、岸绿、景美”

的目标，全面优化水生态安全屏障体系，保护自然生态

二、主要做法

（一）生态修复，打造幸福河湖治理样板

为改善北岸经开区主要片区环境质量，有效控制污染和生态灾害发生，切实提升居民的居住环境，北岸经开区盘活紫玉湖周边碎片化土地，建设紫玉湖公园，努力打造生态综合治理创新的样板工程。该项目主要围绕文产融合主题来打造，策划开发紫玉水乡、桃花村及莆仙名医荟等康养社区。同时还挖掘打造智慧园、湖心岛、印心池、大爱雨露（中药树林）、如意林及雨露花海等一批特色景点。

坚持突出保护优先的原则，尊重自然的修复理念，在现有的生态基础上进行修复，恢复岸线功能，加快水生态修复和治理等，让湿地“退养还滩”，并设计保护区、缓冲区来保护湿地动植物的自然环境，维持滩涂生态系统的完整，提高植物多样性、水生物多样性。公园的水系内外循环，兼具防洪排涝功能，目前已形成潮汐式可淹没的浅滩湿地和林下湿地，水流运动轨迹已梳理打通，切实提升湿地的自净能力。

在建设过程中，利用松木桩、“活柴捆”、“芦苇捆”等生态工法构建起自然生境。切实发挥出湿地的水源涵养、生物多样性维持等重要功能，真正实现“水清、湖畅、岸绿、景美”的生态画卷，将经开区打造成碧水蓝天的台商投资前沿阵地，为实施医养结合提供良好的生态环境。

紫玉湖生态修复工程（陈强　摄）

（二）联合执法，保护河湖水域生态

为积极打造湖畅、水清、岸绿、景美的水域生态环境，严厉打击非法捕捞行为，北岸经开区河长制办公室联合区海渔局多次到紫玉湖开展巡湖管护行动，重点对紫玉湖的内拦河渔网及地笼网等非法捕鱼工具进行全面排查和清理。共清理出违禁渔具20余副，并对清理出的地笼网等非法渔具当场收缴并统一清运、集中销毁。切实打击了非法捕捞行为，保护北岸经开区渔业资源和水生态环境。经开区将进一步压实“河湖长制”工作责任落实，加强水域管理，持续开展对非法捕鱼工具的清理，加强河湖日常保洁和巡查力度，发现一处、清理一处，对非法捕捞行为“零容忍”，对发现的问题迅速行动，即知即改，限期落实。常态化开展河湖“清四乱”工作，压实各级河长责任，坚持以上率下，为群众打造美丽整洁、生态平衡的水域环境。

工作人员清理非法渔具（陈凯　摄）

（三）生态治理，打造白鹭栖息地

白鹭主要栖息于沿海岛屿、海岸、海湾、河口，以及其沿海附近的江河、湖泊、水塘、溪流、水稻田和沼泽等地带，白鹭对栖息地要求较高，因此也被称为大气和水质状态的监测鸟。北岸以“蓝色海湾整治行动”为契机，对紫玉湖进行了生态修复改造，改善湖域生态环境，形成良性生态链，逐渐形成了水生、湿生、陆生等多样化植被群落，成为白鹭和鱼类等不同生物的栖息地。在紫玉湖公园，一只只白鹭或掠过水面觅食，或在树上休憩。从空中俯瞰，成群的白色“精灵”盘旋飞舞，构成了优美的自然生态画卷。通过河湖生态治理保护，复苏河湖水生态环境，维护河湖健康生命，营造出一个人与自然和谐共融的亲水空间。

（四）重点打造，助力文旅经济发展

北岸经开区三面环海，与湄洲妈祖祖庙遥相呼应，妈祖文化、海洋文化、海防文化等历史文化底蕴丰厚。随着莆田市政府对北岸“以港兴城、港产城联动”的布局规划，文旅产业在北岸发展前景广阔。

白鹭栖息地（图片来源：北岸农业农村局）

积极打造紫玉湖生态公园，项目占地1100多亩（湖面410亩，与福州西湖等面积），由3230m²的浮箱栈道、3个小岛组成，湖心湿地、鸟类栖息地，与周边策划建造的高级度假酒店、桃花村、莆仙名医荟馆等融为一体，成为莆田生态旅游的一张新名片。项目分两期建设，一期以保护生态基底为前提进行湿地生态修复，目前已完成工程量的90%；二期以文产融合为主题，盘活周边碎片化土地，规划建设游客中心（12亩）、立体停车场（19亩）、紫贤广场（7亩）等配套设施，策划开发紫玉水乡（23亩）、桃花村及莆仙名医荟（29亩）等康养社区，挖掘打造智慧园（9亩）、菜籽屿岛（30亩）、印心池、大爱雨露（中药树林）、如意林及雨露花海等特色景点。

紫玉湖畔，一条清澈的“红丝带”蜿蜒向前，串起栈道桥、亲水平台等多个景点，呈现出一幅“清水绿岸、鱼翔浅底、水草丰美、白鹭成群”的生态美景。北岸经开区将生态资源变资产，提高生态环境质量，

紫玉湖生态公园（图片来源：北岸农业农村局）

实现生态效益和社会效益双赢，促进全区旅游实现大发展、大跨越。同时，发挥港口基础优越、区位优势凸显、妈祖文化深厚、生态环境优美、旅游资源丰富等优势，大力推进全域旅游项目建设，着力打造“大爱之旅·美丽北岸”旅游品牌。

三、经验启示

（1）严查整治，促进河湖健康。坚持标本兼治，继续开展“乱占乱建、乱围乱堵、乱采乱挖、乱倒乱排”等突出问题专项整治，结合河长巡河、污染源调查等工作及时发现问题，组织开展河道整治工作，改善河湖水环境。同时，积极探索工作机制创新，严格落实河湖长制等各项制度，加大日常巡查力度，保持打击涉河湖违法违规行为高压态势，推进河湖监管从“宽松软”走向“严紧硬”，实现精细化、规范化、制度化，确保“四乱”现象不反弹、不回潮。

（2）完善制度，实现长效管护。全面推广运用河长综合管理，完善专管员考核机制，积极发挥各级河长和专管员日常巡河的作用，常规问题及时整改，系统性或根源性问题及时上报并合力解决。区、镇级河长制办公室即时通过莆田市河长综合管理平台系统充分掌握各级河长及专管员行程动态及履职情况，实现巡河管理工作智慧化，推动河长、河道专管员履行管河治河职责，落实河湖长制各项工作。积极引进社会化专业队伍负责河道日常保洁清淤工作，为所有专管员配置统一服装和巡河工具，并在紫玉湖开展集体巡河和经验交流，提高河道专管员履职能力。

（3）强化宣传，树立绿色发展。坚持“支部引领、党员带头、群众参与”的共治理念，指导38个村（社区）修订村规民约，将爱河、护河列入村民行为规范，坚持“万众爱河、万众治河、万众护河”理念，全面开展河长制宣传工作，引导社会各界和广大群众参与爱河、治河、护河活动。党员、干部带头积极参与河道管护和治污行动，争当河长制的宣传员、践行者，带动广大群众积极加入管河护河行动，营造社会各界和群众共同关心、支持、参与和监督保护生态环境的浓厚氛围。

东圳水库创新“6643”幸福湖治理体系

【摘　要】 随着工业化、产业化不断推进，东圳水库库区内水源污染现象曾乱象百出，给东圳水库水源地保护工作及水质健康安全带来了巨大挑战。近年来，莆田市委、市政府牢记“变害为利、造福人民”殷切嘱托，坚持“绿水青山就是金山银山”的重要理念，按照“山水林田湖草沙”系统综合施治方针，关心民生福祉，重视水源安全，全面推行河湖长制，在东圳水库构筑了“生态保护、生态治理、生态修复、生态法治、生态科技”五道防线，开展水源“水库管理标准化、问题排查清单化、水库管理数字化、巡查履职常态化、保护整治规范化、治理能力现代化”“六化”管理，“河上清污、河岸清乱、河面清洁、河中清障、河道清淤、河水清净”“六清”施治，“法院、检察院、公安、职能部门、属地政府、河长制办公室”“六方”执法，全力推进水库安全管理、水质健康监管、水源生态保护、水利文化发展，并结合工程、科技、宣教等多种措施，逐步实现了“大坝安全、生态优美、水质优良、人水和谐”的目标，水库治理能力和管理能力得到进一步提高，生态文明思想深入人心，人民生活水平、幸福指数得到稳步提升，为莆田经济高质量快速发展提供了坚强的水源保障和力量支撑。

【关键词】 水库管理　水库治理　幸福河湖

【引　言】 东圳水库位于木兰溪支流延寿溪中游，坝址以上流域面积 321km^2，总库容 4.35 亿 m^3，有效库容 2.787 亿 m^3，是一座具有防洪、灌溉、城乡供水、生态补水、发电等综合效益的大（2）型水库，设计灌溉农田面积 32 万亩，受益荔城、城厢、秀屿三个区及北岸管委会等 17 个乡镇，是莆田市最大饮用水源地。

自 1960 年东圳水库建成后，随着工业化、产业化不断推进，东圳水库库区内水源污染现象曾乱象百出：库区内存在超百处大规模畜禽养殖场，水库两岸山坡上枇杷等果树漫山遍野皆是，一级保护区范围内乃至水岸边居住着上千户人家……人们生活污水肆意乱排、生活垃圾随意丢弃、种植产业随意施撒化肥及农药等都给水源地带来了农业面源污染等，这些粗放式的生活方式及习惯，曾经成为东圳水库水源地的梦魇，水库水体富营养化严重，存在藻类暴发风险，给东圳水库水源地保护工作及水质健康安全带来了巨大挑战。

为全流域做好水库保护工作，水库于 2010 年起先后开展了畜禽养殖根治行动、水源地保护入户宣传活动等，一定程度上遏制了库区污染源进入水库，但水库面临的问题依然存在。自全面推行河湖长制以来，按照“全面系统、注重实效、彰显特色”原则，东圳水库在完成分层取水工程、大坝除险加固工程建设的基础上持续发力，通过完善坝区景观配套改造、开发水库信息化安全监测平台、统筹推进库区水环境综合治理、建设东圳事迹教育基地等，使水库自然景象与人文景观融为一体，“大坝安全、环境优美、水质优良、人水和谐”目标逐步呈现，推动河湖治理向清洁、美丽、健康、幸福升级。

东圳事迹教育基地（图片来源：莆田市东圳水库管理局）

一、推进水源“六化”管理，共建安全湖

（一）执行科学化调度

让人民生活幸福是“国之大者”。为确保水库防洪安全、水源安全，东圳水库坚持“人民至上，生命至上”要求，以“防大汛、抗大灾、保安全”为出发点，落实人员 24 小时值班值守，借助水库安全信息化管理

平台，紧盯水库大坝位移、水库水位、水质动态情况，根据水源调度预案、水库蓄水量，统筹生活、生产、生态用水，合理分配水源，稳控水库总闸，确保市民在旱期不愁、汛期不惧。水库还定期开展危险源辨识及风险防控工作，建立安全生产常态化管理机制，汛前落实安全大检查、机电设施维保、防汛物资储备、应急预案演练，汛中强化水雨情监测、水工程隐患巡查、洪水调度，汛后开展水毁修复、阻洪物清理等，全力抓好水库科学化管理，筑牢安全屏障。

（二）开展常态化巡查

为保证水库安澜，东圳水库坚持以河湖长制为抓手，落实库区常态化巡查机制，每天派员深入库区开展水源安全巡查，及时反馈解决水源污染、水生态破坏等问题，每年巡查次数超 210 次、违规问题排查达 80 个。为全面贯彻落实《莆田市东圳库区水环境保护条例》，常太镇政府、城厢区公安局、城厢区生态环境局、常太镇社会治理网格化中心、常太镇派出所、东圳水库管理局六部门还组成“六方联合执法办”，建立联合执法机制，明确职责分工，定期开展会商，对库区乱象、破坏水生态环境等行为予以查处，以法治正力量守护库区水环境安全。

（三）搭建标准化体系

为进一步规范水库管理，东圳水库坚持机制创新，于 2019 年起成立水库标准化管理小组，抽调各部门年轻干部参与水库标准化管理工作，落实管理职责、岗位分工、标准梳理、程序管理等工作，建立库区巡查、工程管养、水源调度、水源保护等标准化管理制度，并以工程管理、水源巡查、防汛调度等工作为重点建立水库管理手册及日常管理系列配套报表，推进标准化运行建设，获评“福建省省级标准化管理工程”，让规范化管理引领水库逐步向幸福河湖迈进。

（四）推动精细化管控

水库通过设置季度工作要点，列明每月工作计划，建立日常管理任务清单，将水库具体管理工作化繁为易，化抽象为具体，让水库日常管理事务清晰明了。同时，水库还强化库区问题清单管理要求，建立问题销号清单机制，实行水工程运行及水资源保护精细化巡查、精细化调节，每月建立清单汇总式工作台账，每年开展清单化问题排查，实现了清单化任务管控、清单化问题排查、清单化对照检查。

（五）构建数字化监管

全面推行河湖长制以来，东圳水库强化数字化信息技术应用，健全、完善信息化管理系统及应用平台，打造了水质监测、大坝安全监测、环库视频监控、供水计量、水雨情监测等系统平台，实现了对水库水质、入库流量、大坝安全等安全信息状况全掌握，提升了水库管理现代化水平，为数字孪生流域建设，并打造水上、水下安全智慧化模式提供了良好的资源底座，赋予新阶段水利高质量发展先进的引领力和强劲的内驱力。

（六）推进现代化治理

水库秉持“应管尽管”铁律，贯彻落实高质量发展理念，不断强化水库体制机制升级。近年来，东圳库区划权定界项目如火如荼开展，推进水利行业强监管建设，明确了权属关系。为保障市民安全饮水，水库还应用分层取水技术调节水源，探索应用北斗科技以实现大坝自动化监测，并积极推进水库智慧化平台构建，水库治理能力向现代化不断迈进。

东圳水库水质优良、生态优美（黄尚德　摄）

二、强化水源“六清”施治，共建生态湖

为全面治理水库周边乱象，推进莆田河湖长制从有名、有实走向有能、有效，莆田市委、市政府全方位开展库区水环境综合治理，颁布实施《莆田市东圳库区水环境保护条例》，强化水源“六清”施治，构筑了“生态保护、生态治理、生态修复、生态法治、生态科技”五道防线，不断织牢织密水生态保护网，以实际行动践行“造福人民的幸福河”伟大号召，逐步推进幸福河湖提质升级。

（一）开展河上清污行动

生活污水肆意乱排曾是水库周边乱象之一，全面推行河湖长制以来，东圳水库库区严格实行污水入专管机制，对东圳水库全流域 321km^2 内一县三区 53 个村生活污水开展全方位收集，共建设污水一体化处理站 41 个、标准化三格化粪池 339 口，取缔各村落污水滥排乱放行为，逐步实现库区生活污水“零直排”，凸显了生态湖底色。

（二）开展河岸清乱行动

为制止库岸周边乱围乱垦乱建等不良行为，莆田市委、市政府将东圳库区水环境综合治理工程列为为民办实事头号工程来抓，项目搬迁一级保护区内民房约 18 万 m^2，征用水源地一级保护区内农田、果林约 1.2 万亩，建设生态林约 2 万亩，同时大力开展库区农业面源污染防治，构筑了库区生态保护新屏障。如今，库区周边绿树成荫，生机盎然，形成了东圳水库新的生命共同体；从库区搬迁的居民，现全部安家于城厢区圳湖雅苑安置房内，村民生活便捷性、舒适性得到大力提升，居民生活幸福指数明显提高。

（三）开展河面清洁行动

建立库区常态化保洁制度，推行多部门共建共管的河面河岸一体化保洁措施，定期组织人员对入库河道、水库库面开展清洁行动，及时将水库中的枯枝杂叶及漂浮物打捞上岸，避免漂浮物聚集给水库带来负面影响，提升饮用水源应激管理机制。此外，库区内还严格生活垃圾管理，实现了“日产、日清、日运”要求，有效遏制了垃圾入库问题。

（四）开展河中清障行动

鱼翔浅底，鹭汀沙洲，已成为东圳水库一道亮丽的风景线。近年来，东圳水库按照水生生物科学研究所制定的水生生物放流方案开展河水净化行动，利用水中生物食物链及生态系统稳定性原理促进水体生态循环，构建了生态稳定型水库。为杜绝库区复垦、垃圾入库等问题，水库还在一级保护区范围内用隔离网设置了隔离带，实现库区封闭管理，促进水源地保护。

（五）开展河底清淤行动

为全面提升水库周边生态环境，库区综合治理项目多措并行，对莒溪、院里溪、东太溪、常太溪等长 15.5km、面积约 155hm^2 的入库河流开展生态治理，全面清除河底淤泥、水中杂物，构建入库河岸湿地系统，形成了库岸生态修复闭合圈，不断推进水库自我净化、自我修复。环保部门还定期对入库支流水质进行监测，每天开展库区常态化巡查，实现了水库生态管理目标和生态管理效益双赢双收。

（六）开展河水清净行动

为强化水源保护落实机制，水库结合常态化巡查保护办法，通过库区警示标语、短信群发、入户宣传、水情教育等，营造了浓厚的管河治水爱水护水氛围，扩大了河湖长制工作影响力，市民爱水、护水意识不断增强，东圳水库水质从过去的Ⅲ类、Ⅳ类稳定至Ⅱ类，莆田人民饮水安全问题得到有效保障，人民的幸福感、安全感、获得感不断得到增强。

东圳水库泄洪（曾家豪　摄）

三、借助科技“四项”赋能，共享健康湖

（一）分层取水创新引领

水库采用分层取水技术供应原水，配套建设水库水质自动监测站，

每天定时定点对水质指标开展监测，利用水质监测结果指导水源调度，保障市民饮水安全。环保部门还时刻关注水体健康状况，在分层取水口备足水源污染应急防治物资，当出现水源安全问题时，及时启动饮用水源应急保障机制，确保水库饮用水源健康。

（二）视频监控创新引航

借助无人机技术在地势险要、不容易靠近的库面上配合人工开展巡查，达到“水、陆、空”全方位巡查体系，水库巡查手段和巡查能力进一步得到增强。为提升实时巡查效果，水库在库区一级保护区范围内安装视频监控辅助日常巡查，还与网络运营商合作，首创在电网铁塔上安装高清视频监控等办法，大大提升了库区巡查范围，实现了库区监控全覆盖，为打击水源违法行为提供了强有力的技术支持。

（三）科研技术创新引道

通过与中国科学研究院共建，实施水库健康体检计划，为水库把脉问诊，共同开展《木兰溪流域大型水库入库河流的水生态系统评价与生态修复技术集成体系构建及示范研究》《东圳水库水生态内循环与藻类稳定性关键技术研发》等水质科研项目研究，为东圳水库水质变化机理、水源调度及水资源保护工作提供了科学依据。通过水库科研项目研究，东圳水库水源健康问题将得到有效把控。

（四）智慧水库创新引擎

构建数字孪生流域建设，全面探索推进东圳水库智慧管理平台建设，将水库已有的水质监测、水安全平台、供水计量、环库视频监控、水雨情系统等五大应用系统进行有机整合，并借助物联网、大数据技术，赋予智慧元素，拟打造出智能化水库应用平台、标准化水库监管平台，实现水源地健康管理水平全面提升。

四、提升水岸“三景”相融，共促和谐湖

东圳水库管理局坚持“绿水青山就是金山银山”的发展理念，日常高度重视水源保护宣传工作，通过宣教、入户、信息推广等办法引导广大市民加入水源保护行列，提升幸福河湖创建水平。

（一）提升景观建设，筑造幸福河湖

为进一步强化水库周边环境管理，水库先后开展坝后山体公园、圳湖公园、码头公园建设，整治大坝周边环境面积约16万m^2，在大坝入口处设置停车区、特色景墙、树池座椅等景观构件。结合山体地形设置登山步道、观景平台、休憩小广场、景观凉亭、思源亭、休闲漫步道以及观景平台，遵循适地适树、因地制宜的原则，选用季相变化丰富的品种，通过多种配置手法形成符合现场地形的植物空间，为市民提供了舒适的观景休闲空间，形成了一个集文化、休闲、观景、娱乐为一体的市区后花园。置身东圳水库，库区内风景秀丽，碧水荡漾，青山入水，白鹭齐飞，鸟虫争鸣，两岸奇秀的山峰、蓊郁的树林，同澄碧的湖水相映成趣。每天都有大批群众前来休憩、踏青健步、凯歌奏乐，与周边环境相融相促，勾绘出了一幅和谐的“东圳坝景图”。

（二）留住建库记忆，筑造精神家园

深挖水库本土地域文化资源优势，在东圳水库坝区建设东圳事迹教育基地，展示习近平总书记治理木兰溪的重要理念、“团结协作、艰苦奋斗、无私奉献”的东圳品格及原鲁山先进事迹等内容，诉说着“党群一心修水库、清风正气赢民心、担当为民践初心”的水利故事，倡导莆田人民饮水思源、忆苦思甜，提升市民生活情操。茶余饭后，大坝上随处可见成群结队的市民在大坝上观光、散步，自觉接受饮水思源等知识的熏陶和精神洗礼。

（三）传播文化教育，筑造水情基地

为普及水情知识，东圳水库积极创建国家水情教育基地，将“水资源、水生态、水安全、水文化”列入教育主题，打造了工程、展馆、模型、监测四大设施布局，构建了“点、线、面”教学体系，提升水库周边景观建设，成为市民水情教育、知识学习、文化涵养的好去处，市民幸福感倍增。基地每年还开展研学、志愿者进社区、基地授课、展馆观摩、库区骑行宣传、垃圾清理、增殖放流等具有特色的各类主题教育活动，广大市民踊跃参与、和谐共融，谱写出了具有莆田地方特色的幸福河湖新篇章。

第五章　机制创新

绿色信贷木兰溪模式

【摘　要】莆田市木兰溪治理是习近平同志在福建工作期间亲自擘画、全程推动治水和生态保护工作的先行探索。莆田市以提升金融“含绿量”为目标，引导金融机构向“绿”而行，支持木兰溪从水患之河向安全之河、生态之河、幸福之河、发展之河转变，木兰溪获首批示范河湖等20多项全国性荣誉或肯定，成为全国第一条全流域系统治理的河流、全国河湖管理及河湖长制工作的样板、全省流域面积1000km^{2}以上唯一一条五星级河流，全流域幸福指数高居榜首。

【关键词】绿色信贷　绿色发展　幸福河湖　木兰溪

【引　言】绿色金融，是经济社会高质量发展的重要推动力，也是金融业自身转型发展的长久动力源。随着绿色金融政策体系不断完善，绿色金融逐步成为我国生态文明建设的重要支撑力量。促进经济社会发展全面绿色转型，是建设人与自然和谐共生的现代化的重要内容。近年来，莆田市引导各大金融机构贯彻落实国家绿色信贷政策部署，坚定金融工作的政治性、人民性，以绿色信贷业务高质高效发展，“贷”动区域经济社会实现新发展，支持生态文明建设的木兰溪样本巩固提升。

一、背景情况

木兰溪是福建省东部独流入海河流，横贯莆田市中、南部。习近平总书记在福建工作期间，亲自擘画、亲自推动木兰溪治理，推动木兰溪“变害为利、造福人民”，成为全国第一条全流域系统治理的河流。曾经的水患之河变成了清波安澜、润泽莆阳的幸福河。近年来，莆田市积极践行木兰溪治理理念，以提升金融“含绿量”为目标，引导金融机构向“绿”而行，全过程全流域全方位为水资源、水环境、水生态全要素协同治理提供金融支撑，助力莆田市建设绿色高质量发展先行市。截至2023年6月底，莆田市绿色贷款余额216.56亿元，同比增长42.71%，高出各项贷款增速32.22个百分点。

二、主要做法

（一）以绿换“青”，助力人居环境综合整治

莆田人民的母亲河木兰溪从曾经的水患之河，蝶变为生态文明建设的木兰溪样本，离不开金融“活水”的精准浇灌。以河湖长制为依托，莆田市河长制办公室与兴业银行莆田分行签订合作协议，设立木兰溪下游生态修复和治理工程领导小组，为木兰溪全流域系统治理等提供600亿元的泛金融支持。作为莆田唯一一家政策性银行，农业发展银行莆田市分行设立木兰溪全流域系统治理金融服务工作室，并组建服务小组，创新打造“木兰溪＋”系列信贷模式，累计为木兰溪防洪工程等多个项目建设发放贷款资金81.52亿元。

创新“木兰溪＋”信贷模式支持荔城区南洋水系水环境综合治理项目
（图片来源：人民银行莆田市中心支行）

南洋水系水环境综合治理PPP项目，是农发行莆田市分行“木兰溪＋”信贷模式的代表项目之一。南洋水系地处木兰溪南岸，河网密布、水系纵横。此前，由于河道周边地区污水收集系统建设滞后，南洋水系水生态脆弱，水环境不容乐观。项目启动后，该行主动靠前服务，提前介入项目策划方案，创新“木兰溪＋水环境治理”支持模式，成功授信

15.5 亿元，并按工程进度投放贷款 4.45 亿元。目前，南洋水系多个考核断面水质指标达到地表水质Ⅴ类，河流水质及河道周边环境持续改善。

据了解，人民银行莆田市中心支行坚持将习近平生态文明思想作为指导绿色金融发展的根本遵循，持续完善“政策传导＋工具引导＋窗口指导＋考核督导”工作机制，引导金融机构将践行木兰溪治理理念贯穿到经营管理全过程，形成推动绿色金融发展的莆田共识。在人民银行莆田市中心支行的大力推动下，莆田各金融机构积极开展项目对接和贷款投放工作，充分释放央行货币政策红利，全力服务木兰溪全流域综合治理项目建设。截至 2023 年 6 月底，莆田市各金融机构为木兰溪防洪工程华亭段、木兰溪防洪工程仙度段安全生态水系工程等 31 个木兰溪流域项目授信 167.73 亿元，融资余额 70.10 亿元。

（二）以绿生“金”，实现清洁能源产业发展

作为莆田市新能源和绿色经济产业链金融支撑组组长，人民银行莆田市中心支行综合运用包括碳减排支持工具、支持煤炭清洁高效利用专项再贷款在内的激励机制和政策手段，积极引导金融机构加大对光伏等产业项目的支持力度。截至 2023 年 6 月底，人民银行支持煤炭清洁高效利用专项再贷款、碳减排支持工具政策分别在莆田落地 25.19 亿元、21.7 亿元，分别位居全省第二、第三。

太阳能是人类取之不尽、用之不竭的可再生清洁能源。农业银行莆

用好碳减排支持工具支持平海湾海上风电项目建设
（图片来源：人民银行莆田市中心支行）

田分行、中国银行莆田分行用好碳减排支持工具，支持平海湾海上风电项目建设。据悉，平海湾海上风电项目是东南沿海首个海上风电场，三期项目、装机容量608MW均已全部投产发电。在项目快速推进、资金需求高峰期，农业银行莆田分行、中国银行莆田分行主动上门了解项目资金需求，开启绿色通道快速审批放贷，在1个月内完成审批工作，合计授信16亿元。

近年来，人民银行莆田市中心支行以金融支持生态产业化、产业生态化为主线，积极引导金融机构提升绿色金融质效，创新适销对路的绿色金融产品和服务。中国银行莆田分行、建设银行莆田分行分别推出厨余垃圾处置项目收费权质押融资、可再生能源补贴确权等贷款模式，邮储银行莆田市分行、仙游农商银行分别创新莆田好鞋贷、益林贷等产品。同时，各银行金融机构还通过开设绿色通道、允许容缺办理、牵头组建银团等方式，持续丰富绿色金融服务内容。截至2023年6月底，莆田市重点产业表内外融资余额1053.75亿元，同比增长17.48%，比年初增加98.86亿元。其中，新能源、绿色经济产业表内外融资余额284.48亿元，同比增长23.07%。

三、经验启示

（1）争取基金融资支持。按市场化原则组建若干产业基金、创投基金，鼓励市内证券、银行、保险等金融机构积极向省级机构或总部争取资源，与母基金对接组建子基金，重点支持莆田市12条产业链发展。推动政策性银行、商业银行在莆田投放基金、中长期贷款等，拓宽水利基础设施建设资金筹措渠道，支持符合条件的项目申报基础设施领域不动产投资信托基金。

（2）加大金融创新力度。支持认证机构加强绿色金融、绿色贸易、碳交易等认证体系研究，衔接好省里碳达峰碳中和管理平台，打造绿色双碳服务、绿色公共服务和绿色金融服务系统集成的新模式，推动国内外“双碳”研究单位、高校院所、标准机构、绿色交易所等单位进驻莆田组建“双碳”智库。引导各银行保险机构积极对接省内认证机构、“双碳”智库等平台，完善绿色金融体系。

法治护航幸福河湖莆田路径

【摘　要】为助力河湖长制实现“有名、有责、有能、有效”，打造人与自然和谐共生的“荔林水乡”幸福河，莆田市全面开展依法治水工作，加快构建系统完备的涉水法律法规体系，颁布实施木兰溪流域、东圳库区水环境、城市绿心等保护条例，为河湖保护提供有效法规政策依据；结合深化河湖长制等工作，公检法、行政职能部门、属地政府、河长办“六方”常态联防联动执法，持续打击流域乱占、乱采、乱堆、乱建“四乱”、污染环境等违法犯罪行为；设立司法服务保障河长制工作站、巡回审判点、木兰溪流域生态保护法治实践基地等，首创实行民事、刑事、行政“三合一”归口审理模式和流域生态环境案件集中管辖模式，确保幸福河湖建设工作有法可依、司法公正，进一步加强依法治水管水能力体系建设和治理水平，让建设幸福河湖的法治之花绽放多姿。

【关键词】法治护航　河湖长制　幸福河湖

【引　言】2019年9月习近平总书记在视察黄河时发出建设“造福人民的幸福河”伟大号召后，打造“造福人民的幸福河”，成为新时代我国河湖保护治理的目标指引，成为全国水利系统的共同使命。莆田市深入贯彻落实习近平生态文明思想和习近平总书记治理木兰溪的重要理念，坚决落实党中央决策部署，按照省委、省政府部署要求，以满足人民群众日益增长的幸福河湖需求为根本出发点和落脚点，一以贯之强化河湖长制工作，积极推进幸福河湖建设，加强依法治水管水，坚持用法治理念打造河道治理示范点，多措并举、标本兼治，促进岸绿水清、河湖长治，深入维护河湖健康生命，努力为建设美丽中国提供生动范本，让人民群众从良好生态中有更多、更直接、更实在的获得感、幸福感、安全感。

一、背景情况

全面推行河湖长制以来，在莆田市委、市政府的重视和莆田群众的支持下，莆田市河湖环境保护工作虽取得一定成效，但一些污染问题仍然存在，需要具有公信力、强制力的地方性法规来专门规范。莆田市以河湖长制为抓手，从法治政府建设入手，积极探索“立法＋执法＋司法＋普法”多维法治护航机制，立足本职、履责担当、服务民生、倾力服务保障木兰溪全流域系统治理，推动河湖长制工作实现“有名、有责、有能、有效”，建设造福人民的幸福河湖。

二、主要做法

（一）立法保障，固幸福河湖之本

近年来，莆田市始终把木兰溪全流域系统治理作为全市重点工作内容，坚持以时间换空间，从法治政府建设入手深入研究木兰溪流域生态环境保护工作，从法律层面规范流域开发建设及污染治理，用最严格制度、最严密法制保护好河湖生态环境。

一是立规先行，强化制度供给。持续优化绿色高质量发展先行市建设的立法制度供给，颁布实施《莆田市东圳库区水环境保护条例》《莆田市城市生态绿心保护条例》《莆田市木兰溪流域保护条例》等8部实体性法规，实施木兰溪流域生态补偿办法，在全国首创河湖林田“四长合一”立法模式，加快推进河湖长制条例立法工作，构筑河湖保护“四梁八柱”，以法治力量守护好莆田的绿水青山和良田沃土。

二是保护为本，固化治理方式。对流域水质标准提出明确要求，对东圳水库饮用水水源一级保护区、绿心水域水质、木兰溪河口以外的干流及一级支流水质规定相关考核指标；明确市、县、乡三级河湖长责任体系，分级分段落实工作职责，东圳水库实行库长制，实行跨县（区）、乡镇（街道）交接断面水质监测与考核等。

三是全域覆盖，科学划定禁区。明确禁止木兰溪流域平时较为常见的八项违法行为，以倡导性条款对木兰溪下游水系、位于主城区中部的南北洋平原核心区域构建自然人文景观加以引导；突出东圳水库这一改造利用木兰溪标志性工程、莆田最大的饮用水水源，有针对性地提出一级和二级保护区禁止的十八项行为。

（二）执法联动，解幸福河湖之难

莆田市建立健全以“政府主导、水利牵头、部门联动、齐抓共管”的长效联合管护机制，坚持按照“信息互通、资源共享、协调有序、务

莆田市召开“木兰溪治理25周年”生态司法保护
工作座谈会（郑毅　摄）

实高效”原则，突出河长制办公室成员单位联防联动，全面发挥部门职能优势，打出水生态环境保护“齐抓共管”组合拳，有效破解跨部门、跨行业重大河湖生态治理难题。

一是规范执法制度。按照法治政府建设的具体要求，从制度建设入手，不断强化水行政执法制度化、规范化建设。组织法制工作骨干完成水法律法规汇编、行政执法文书修订等工作，有效落实莆田市水行政执法工作与上位法要求完整接驳。完善健全水行政执法“三项制度”，完成流程图、名单等内容公布，完成莆田市水利系统包容审慎监管执法“四张清单”建设，进一步压缩裁量空间，降低诉讼风险。规范敏感河段采砂管理执法巡查、信息报送等工作，及时更新落实采砂管理“四个责任人”上网公示，组织敏感河段河道采砂联合执法巡查，促进河道采砂管理制度落实见效。

二是完善执法机制。建立健全“政府主导、水利牵头、部门联动、齐抓共管”的河湖长效联合管护机制，积极探索建立“河湖长＋人大代表＋委员河长＋法官＋检察长＋警长＋督查长”联动工作机制，健全涉河涉水信息共享、定期会商、问题快处、矛盾共治、修复共建等生态执法与刑事司法联动机制，在落实落细河湖长制工作的基础上，各成员单位按照“信息互通、资源共享、协调有序、务实高效”的原则，加强横向联动，全面发挥各部门职能优势，打出水生态环境保护“齐抓共管”

组合拳，齐抓共管、共商共享，形成“长效化”管护合力，做幸福河湖的建设者和守护者，有效破解跨部门、跨行业重大河湖生态治理难题。

三是强化执法联动。针对木兰溪流域点多、线长、面广特点，坚持共商共建共治共享理念，市河长制办公室定期就破解河湖“四乱”、污染环境等治理难题与公检法、农林水、生态环境等行政主管部门和属地政府对接，开展公检法、行政职能部门、属地政府、河长办“六方”联防联动执法行动，打造“快速立案、快速审查、快速审判”流域生态环境犯罪案件办理模式，有效维护木兰溪流域水事秩序稳定。2023 年以来，莆田市共取缔“散乱污”乱象 53 处，教育引导无视禁止库区及渠道游泳等行为 30 余人，破获刑事案件 15 起，抓获犯罪嫌疑人 20 人，涉案金额 300 余万元。5 年来，木兰溪流域涉污染环境案件同比下降了 61.4%。

（三）司法衔接，护幸福河湖之源

在推出河湖长制后，莆田市不断拓展河湖治理管理内涵和外延，始终坚持依法治水，着力构建运转高效、监督有力的河湖长制工作司法保障体系，全省率先探索司法化服务新机制，将行政执法、刑事司法与河湖管护有机结合起来，着力构建运转高效、监督有力的河湖长制工作司法保障体系。

一是搭建司法保障新体系。构建运转高效、监督有力的河湖长制工作司法保障体系，在全面推行河湖长制的同时，市、县全省率先同步成立公检法河长制司法服务保障工作站、法官工作室、流域环境保护警务队等，通过依法审判、法律服务、司法宣传等，为推进木兰溪生态管护机制不断完善、河湖长制工作全面深化注入了新的生力军；联合市法院、检察院颁布实施《关于建立监督服务保障机制合力推进河长制工作的意见》，以“坚持重点保护、严格执法”“坚持源头修复、生态补救”“坚持问题导向、依法推进”“坚持预防为主、全民参与”为基本原则，探索行政执法与刑事司法衔接机制，为湖河长制提供司法服务保障。

二是打造司法实践新基地。创新成立木兰溪流域司法保护巡回审判点，围绕木兰溪流域水资源保护、水岸线管理、水污染防治、水环境治理、水生态修复等主要任务，依法妥善审理涉木兰溪流域水生态环境资源各类案件，加强水资源生态司法预防、修复、打击作用，通过进一步建立完善水生态环境司法保护相关制度，有效减少木兰溪流域水生态环境的破坏；全省首创木兰溪流域生态保护法治实践基地、蓝色海湾·木兰溪流域（暨入海口）生态司法保护实践基地，架构起流域水生态、海洋生态、生物多样性等全方位、立体化的生态司法保护网络，进一步探索和实践“专业化法律监督＋恢复性司法实践＋社会化综合治理”生态检查模式，为木兰溪流域环境保护和生态文明建设提供有力的司法保障和服务。

三是探索司法服务新模式。按照“生态＋”司法理念，全国首创“生态司法＋审计”模式，在全省率先开展生态审判与领导干部自然资源资产离任审计衔接工作，将落实木兰溪司法保护的内容纳入审计范围，重点围绕遵守自然资源资产管理和生态环境保护法律法规、生态修复资金的管理使用等方面做好工作衔接，将发现的问题及时移送依法依规处理，综合运用增殖放流、补植复绿、巡山护鸟、劳务代偿、固坝填石等修复模式。优化水案件审理，首创实行民事、刑事、行政“三合一”归口审理模式和流域生态环境案件集中管辖模式，确保司法公正，保护木兰溪，守护母亲河。

莆田市创新成立蓝色海湾·木兰溪流域（暨入海口）生态司法保护实践基地（图片来源：涵江区河长制办公室）

（四）普法宣传，强幸福河湖之基

依法治水是实现人水和谐的必由之路。莆田市坚持依法行政，深入开展水法律法规宣传教育，把普法守法嵌入宣传、治理中，推动构建人水和谐共生的幸福河湖建设格局。

一是狠抓节点宣传。以“宪法宣传周”、“世界水日”、“中国水周”、“六·五”环境日、全省“水土保持宣传日”、每月20日“河长日”等重要时间节点为契机，集成现场活动、电视、广告、传单、短信等多种群众喜闻乐见的宣传形式，大力开展水利法治宣传教育，开展《中华人民共和国水法》《莆田市木兰溪流域保护条例》等法律法规的解读宣传活动，呼吁大家爱护水生态环境，保护河湖水体，倡导全社会形成节水、爱水、护水、惜水的良好风尚，营造全社会浓厚的知水法护河湖氛围。

二是坚持常规宣传。打造木兰溪治理展示馆、东圳事迹教育基地等矩阵，开设政府网站水利窗口及河长制公众号，宣传行政执法典型案例、河湖“清四乱”政策措施、水利联合执法信息动态等内容，并公布投诉举报电话及邮箱，有效提高广大群众对水法律法规的知晓率和认知度。同时，不定期组织网络河长进社区、校园、企业等地，以通俗易懂的方式进行节水知识宣传，分享节水经验，使《国家节水行动方案》落到实处，把水资源作为最大的刚性约束，引领社会形成珍惜水、节约水和爱护水的良好风尚。

三是创新对点宣传。创新宣传方法，既深入浅出地向群众介绍法律条款，还通过执法办案、纠纷调解与释法教育相结合的方式，依据一定的规范，对群众和当事人进行“一对一”宣传教育，通过说理、教育、感化等手段，把事说透、把理讲明、把法论清，打消群众的疑虑，取得群众的支持，有效保障执法办案和纠纷调解工作顺利落实。针对群众最关心、最直接、最现实的利益问题开展法制宣传，强化宣传效果，切实增强普法工作的实效性。

三、经验启示

（1）进一步创新机制，提升效能。莆田市水生态环境治理取得的每一次进步都离不开管护体制机制的创新，要以生态保护的思想作引领，以健全细致的考核奖惩机制为推手，探索司法化服务等新思路、新方法、新机制，一以贯之强化河湖长制。

（2）进一步协同共治，长效管护。幸福河湖建设工作是一项复杂的系统工程，须统筹流域上下游、左右岸、干支流，做到区域系统共治、部门联防联控，持续深化法院、检察院、公安、行政职能部门、属地政府、河长办联防联动，依法依规严打涉河涉水违法犯罪行为。

（3）进一步加强宣传，凝聚合力。坚持“节点＋常规＋对点”宣传模式，广泛运用传统宣传形式和“两微一端”等新媒体，在世界水日、世界环境日等特定时间节点，联合开展增殖放流、志愿清洁、法律咨询、以案释法系列宣传活动，切实增强广大群众水生态环境的保护意识。

多域跨界协同管河莆田实践

【摘　要】 全面推行河长制，是以习近平同志为核心的党中央加强河湖管理做出的重大改革举措，是维护河湖健康的治本之策。莆田市深入贯彻落实习近平生态文明思想和习近平总书记治理木兰溪的重要理念，积极响应建设“造福人民的幸福河”的伟大号召，坚决落实党中央决策部署，按照省委、省政府部署要求，深入推进河湖长制工作，多域跨界、联防联治，多措并举、标本兼治，进一步维护河湖健康生命，共建共治共享幸福河湖，努力为建设美丽中国提供生动范本，让人民群众从良好生态中有更多、更直接、更实在的获得感、幸福感、安全感。

【关键词】 多域跨界　联防联治　幸福河湖　河湖长制

【引　言】 党的十八大以来，以习近平同志为核心的党中央高度重视生态文明建设。党的十八大将生态文明建设纳入“五位一体”总体布局的一个重要部分，并提出“绿水青山就是金山银山”理念。党的十九届四中全会进一步提出坚持和完善生态文明制度体系，并将生态文明建设定位为“关系中华民族永续发展的千年大计”，将污染防治作为全面建成小康社会三大攻坚战之一。“河长制”是国家生态文明建设的一个新实践。习近平总书记指出，全面推行河长制是落实绿色发展理念、推进生态文明建设的内在要求和整体性要求，是解决我国复杂水问题、维护河湖健康生命的有效举措，是完善水治理体系、保障国家水安全的重要制度创新，完全契合亿万人民的呼声，是民心所向。

一、背景情况

进入新时代，我国社会主要矛盾已经转化为人民日益增长的美好生活需要和不平衡不充分的发展之间的矛盾，河湖治理工作也进入了新时代，人民群众对优美生态环境的需要日益增长，对江河湖泊保护治理有着热切期盼，期盼居住的家天更蓝、山更绿、水更清、环境更优美，期盼身边的每一条河流都能像木兰溪一样成为“最美家乡河”，全面推行河湖长制已进入全面强化、标本兼治、打造幸福河湖的新阶段。

建设幸福河湖是一项复杂的系统工程，不能靠一个部门单打独斗，必须统筹流域上下游、左右岸、干支流，做到区域系统共治、部门联防联控、云端互动共促。让每条河流都成为造福人民的幸福河，是河湖保护治理的方向和总目标。莆田市把打造人与自然和谐共生的生态河、智慧河、幸福河作为践行以人民为中心的发展思想、满足人民群众对美好生活向往的具体行动，探索建立了“区域+部门+云端”多域跨界协同的河湖管护机制，构建了“河畅、水清、岸绿、景美、人和”的河湖水系。

二、主要做法

（一）跨境协作，打破地域界限

为优化水生态功能结构，莆田市坚持以问题为导向，从实际中出发，探索建立跨境河湖长制工作联动机制，助推跨界河湖问题全面解决。

一是横向到边。莆田市地处福建省沿海中部，与毗邻的泉州市、福州市均有交界河段。为进一步深化河湖长制，常态化护航跨境河道清水长流，实现上下游、左右岸协调联动，消除管理盲区，早在2019年，莆田市就先后与泉州市就跨境流域河湖管理保护工作进行联动会商，召开联席会议，签订《关于建立跨境流域河湖管理保护协作机制的意见》，依托河长制工作平台，建立联络员、信息共享、快速反应处理、定期会商4个方面跨区域联动运行机制，并在跨境河湖沿线开展联合巡查工作，促使毗邻市域流域联动联调，互相借力、共同发力，提高涉水违法行为的处置效率，构建“共抓共管共治”的跨境流域水环境治理保护格局，推动形成区域共治合力，进一步破解了跨界河流交界河段污染难治的问题。截至2023年年底，莆田市已与泉州市、福州市等兄弟市共同建立跨境流域河湖管理保护协作机制，基本覆盖了全市重要跨市域河流河段，编制了一张互联、互动、互惠的水生态环境保护网。

二是纵向到底。莆田市水系发达，境内共有木兰溪、萩芦溪、延寿溪等市、县、乡三级河道452条2176.9km，以及东圳湖、金钟湖、玉湖、白塘湖等湖泊8个，河网密布、纵横交错，河湖管护工作任务繁重，县区、镇街交界河湖问题整治亦迫在眉睫，需要上下游、左右岸相互协作、共同推进。为此，莆田市积极探索建立了“联合巡河—联合会商—

联动整治”的市、县、镇三级联防联控工作机制，通过河长按时巡、河长办暗时巡、河道专管员定时巡、无人机随时巡等方式，及时发现交界河道突出问题，同时建立属地无缝对接落实整改闭环机制，创建由市县乡三级行政河长及河长制办公室工作人员、市河长制办公室成员单位负责人和市人大、市政协、市纪委领导及相关工作人员等300多人的“市河长制”微信群，全过程在线曝光巡查发现问题、责任落实、整改反馈、问题销号等情况。通过跨境联合治理，目前莆田市木兰溪、萩芦溪、闽江等主要流域水质良好，东圳、外度、古洋、金钟等4个集中式生活饮用水水源地水质达标率和小流域Ⅰ～Ⅲ类水质比例均达100%。

（二）部门联动，打破职能壁垒

全面推行河长制，就要建立长效联合管护机制。近年来，莆田市以“河长制”推动“河长治”，在落实落细河湖长制工作的基础上，突出部门联动，河长制办公室成员单位坚持按照“信息互通、资源共享、协调有序、务实高效”的原则，在明确职责分工的基础上，加强横向联动，齐抓共管、共商共享，形成“长效化”管护合力，有效破解跨部门、跨行业重大河湖生态治理难题，再现“河畅、水清、岸绿、景美、人和”的“荔林水乡”。

一是以制度建设促工作规范。2017年莆田市全面落实地方党政主体责任，出台《莆田市全面推行河长制工作方案》，成立由各成员单位人员组成的河长制办公室，创新管河治河机制，明确建立集中统一的协调机制、全域治理的责任机制、科学严密的监测机制、齐抓共管的督导机制等。2019年莆田市又出台《莆田市河长会议制度及河长会议制度（修订）》，进一步完善联席会议运行机制，明确会议召开、会议内容、议题收集、议事规则、会议准备、记录纪要及贯彻落实等细则，使协调工作常态化、规范化、标准化，有效改善了之前不同程度存在的部门各自为战、“九龙治水”情况，切实形成了部门联动、协同共治、齐抓共管的管河护水新格局。

二是以制度执行促提升。莆田市河长制办公室充分发挥综合协调、政策研究、督导考核等职能，定期组织召开成员单位联席会议，研究解决重大涉河问题；科学统筹、协调部署相关部门，对涉河涉水重要事件联合开展综合执法或专项行动，严厉打击涉河涉水违法犯罪行为；组织相关部门定期开展责任落实情况的督导检查，重大涉河项目专项稽查，对督察稽查情况进行通报，对发现的重大问题进行重点督办、限期整改、验收反馈。各级职能部门各司其职、各负其责，密切配合、协调联动，依法履行流域保护管理的相关职责；坚持执法主体不变、执法权能不变、执法体系不变的原则，加强河流日常动态监管，开展专项执法行动。

（三）云端互动，打破信息孤岛

河湖管理保护工作涉及市、县、乡等多个层级和水利、环保、住建、自然资源等多个部门，信息孤岛问题难免存在。

一是打造一个智慧系统。近年来，莆田市结合“全市一张图、全域数字化”，推动科技赋能治水，利用卫星遥感、视频监控、无人机等技术手段，探索建立河长综合管理系统，初步构建“天、空、地、人”立体化监管监测监控网络，发挥数字信息技术的实时性和高效便捷性，有效破解了河湖管护信息孤岛问题，开启智慧管河护水新模式。目前，运行的莆田市河长综合管理系统包含莆田市河长综合管理平台和巡河移动客户端，覆盖全市所有河流，基本实现了对全市河湖情况的实时监测。

无人机巡河（图片来源：莆田市河长制办公室）

二是打造一个智慧平台。对河湖情况的实时监控、数据收集只是前期工作，发挥平台的综合管理功能实现一张蓝图管河、一条轨迹管人、一个标准管事“三管齐下”才是最终目的。莆田市河长综合管理平台整合汇聚多部门多类型数据，打造了河湖数据资源中心，实现了对水污染源实时监管，同时借助管理平台，更实现了对河湖长、河道专管员巡河履职和涉河问题整改情况实行常态化管理和动态化跟踪。莆田市上线河长综合管理平台和巡河移动客户端，有效助力全市各级河湖长、人大代表、政协委员、河道专管员在线巡河履职，记录巡河发现问题及处理流程，形成了可追溯巡河日志，构建了“巡河、发现、交办、反馈”的“全闭环”工作流程，促进问题高效解决。纵向上基层河长可以将重大问题提交到市级河长，横向上河长可以把问题提交给相关部门，打破了行业、区域限制，顺畅了上下游、左右岸联系，实现了“无梗阻”交办处置。

三、经验启示

（一）创新机制，提升效能

莆田水生态环境治理取得的每一次进步都离不开体制机制的创新，落实水资源保护、水污染防治、水环境治理和水生态修复等各项工作任务都需要通过创新打破原有的束缚和既定的框框，以生态保护的思想作引领，以健全细致的考核奖惩机制为推手，探索河湖管护的新思路、新方法、新机制，方能不断深化河湖长制工作，有效推动河湖治理体系和治理能力现代化。

（二）协同共治，长效管护

幸福河湖建设是一项复杂的系统工程，不能靠一个部门单打独斗，必须统筹流域上下游、左右岸、干支流，需要协同共治，做到区域系统共治、部门联防联控、云端互动共促，切实形成流域统筹、区域协同、部门联动、全社会关心参与的河湖管理格局，不折不扣地落实好全面推行河湖长制的各项任务，方能高质量建设造福人民的生态河、智慧河、幸福河。

人大代表监督河湖长制工作
莆田样本

【摘　要】为深入贯彻习近平生态文明思想和习近平总书记治理木兰溪的重要理念，发挥人大代表监督实施河湖长制工作职能，莆田市人大常委会探索创新监督方式，成立监督河湖长制工作专班，按照“每条河、每个湖至少有市、县、乡三级人大代表各1名参与监督”的原则，在全市范围内邀请300余名人大代表参与监督河湖长制工作，创新示范、挂图、清单、舆论“四式”精准监督，以点带面，推动河湖长制落实落细、相关工作机制创新完善，助力打造人与自然和谐共生的生态河、智慧河、幸福河。在全市上下共同努力和人大代表助推下，截至2023年，木兰溪流域国控省控断面水质优良比例达100%，国控省控点位水质优良面积比例达96.2%，居全省第一。

【关键词】人大代表　河湖长制　监督　幸福河湖

【引　言】2022年5月，全国人大常委会来莆开展环保法执法检查时，提出了各级人大代表要监督实施河湖长制工作的要求。莆田市人大常委会高度重视，第一时间学习传达、认真贯彻落实，进一步将工作重点向生态环保领域聚焦，迅速成立监督实施河湖长制工作专班，助推莆田市河湖长制提质增效。创新全市各级人大代表监督实施河湖长制工作，相关成效做法入围全国2022基层治水十大水利经验候选名单，得到福建省人大常委会有关领导批示肯定。

一、背景情况

近年来，莆田市人大常委会在推动河湖长制工作“有名有责有能有效”中坚决扛牢人大责任，创新代表联动机制，综合运用监督方式，紧盯河湖问题闭环整改，先后多次组织部分人大代表、政府相关部门，开展立法调研、执法检查，深入城市内河走访沿线群众，全面掌握问题症结，开展监督实施河湖长制工作，督促完成幸福河湖延寿溪支流泗华溪水环境治理，着力探索代表监督实施河湖长制的“莆田路径”。

二、主要做法和取得成效

（一）创新联动机制，代表履职更有风采

（1）严督细查。莆田市三级人大代表充分发挥监督履职作用，聚焦幸福河湖建设和河湖长制工作，积极参加各级人大常委会组织的执法检查、视察调查、专题调研、“代表活动日”等活动，深入实地对水法律法规、木兰溪流域保护条例等开展执法检查，听取审议生态绿化保护利用总体规划等议案，调研“水上巴士”沿线提升、木兰溪流域乡村振兴示范区建设等工作，监督河湖长制工作落实和年度环境状况、环境保护目标完成情况，为莆田市推进河湖长制工作提质增效、谋划绿心发展路径提供支撑。同时，健全代表建议重点督办制度，选定“加大仙游木兰溪源头保护与开发”等6件重点代表建议，围绕农村饮用水安全全覆盖、城市内河治理等民生领域9个方面的重点工作开展监督，推动建设生态宜居城市。2022年来，共组织开展执法检查等6000余人次，现场处理水事诉求149件，征收水资源费约4800万元。

（2）示范引领。莆田市三级人大代表充分发挥示范引领作用，争当河湖长制的示范员、宣传员，结合每月“代表活动日”“河长日”等活动，深入实地巡河，向周边群众宣传绿色发展理念、河湖保护管理相关法律法规政策和莆田市河湖长制工作部署推进情况，模范带动各社会团体、企业、商家积极主动参与河湖治理和保护工作。2022年7月、8月，市人大常委会以“助推河湖长制实施”为主题开展“人大代表活动日”活动，发动各级人大代表积极参与监督。2023年2月，市人大常委会再次组织五级人大代表，开展“人大代表活动日”活动，围绕水环境治理等情况开展监督。连续三年坚持以监督木兰溪重要支流——泗华溪治理为契机，持续开展泗华溪水质提升工作监督，督促相关部门仅用18天时间完成入河排污口整治、清淤回水等工作，推动泗华溪稳定保持Ⅱ类水质，并同步督促推进郊野公园建设；重点推进下厝河、下磨溪等城市内河治理，各县（区）人大分别确定两条内河作为重点监督对象，强化跟踪问效，守护百姓家门口的“诗和远方”。

（3）广纳良言。莆田市三级人大代表坚持“民众有呼声、代表有响

应”原则，充分发挥代表桥梁纽带作用，深入基层一线，密切联系群众，切实了解群众“所急所需所盼所愿”，建言献策，并依托省、市、区三级专家智库，听取并审议执法检查、工作评议等内容，结合审议意见，对接好市、县、乡有关部门、河湖长，推动河湖问题整改落实。依托报刊、广播、电视、网络等媒体，广泛宣传人大代表监督实施河湖长制工作的目的意义、主要成效和先进事迹，引导广大群众积极参与河湖保护管理工作。2022 年 11 月，市人大常委会与市“一府两院”召开联席会议，针对莆田市内河水质提升治理攻坚提出措施，充分发挥了人大代表的作用。2023 年 4 月，市、县（区）人大常委会主任联席会议围绕加强河湖长制监督进行研讨，研究部署贯彻落实意见；10 月，组织市人大常委会委员、市人大代表成立视察调查组，赴各县（区）开展河湖长制工作视察调查，听取相关县（区）及有关部门工作情况介绍，就如何推进河湖长制提出意见建议。

（二）拓宽履职方式，代表监督更加缜密

（1）以点带面。莆田市人大常委会举行“泗华溪巡河护河志愿者”启动仪式，在泗华溪畔成立由各级人大代表为主导的巡河护河志愿者队

莆田市人大常委会举行泗华溪巡河护河志愿者服务活动启动仪式（林其欣　摄）

伍，动员政府部门、在校师生、社会团体等各界人士，共同参与巡河护河行动，其中泗华溪水质提升跟踪监督等经验做法得到中国人大网及《中国人大》《人民代表报》《福建日报》《人民政坛》等国家级、省级重要媒体的宣传报道。莆田市人大常委会以此为契机，面向全市铺开城市内河治理工作，按照“一河一策”监督思路，聚力监督推进下厝河、下磨溪完成干塘清淤、雨污管网溯源排查，完成老旧小区雨污混流口改造，累计发现并整改问题 17 个。依托电视、网络微信公众号、报刊等媒介，向广大群众宣传绿色发展理念、河湖保护管理相关法律法规政策和河湖长制工作部署推进情况、典型经验，2023 年累计收集并督促整改 12315 平台河湖长制意见 10 余条，在各大类媒体上推送新闻 30 余条，推动莆田市河湖长制落地见效。

（2）按单督办。莆田市人大常委会监督市河长制办公室定期向工作专班报送各市、县级河湖水质状况及水质提升计划，明确提出责任河湖（段）长在问题整改后 3 日内将整改结果反馈给督河代表，相关部门要主动接受人大代表监督，实事求是，逐一回应代表提出的意见建议。分区域、分河道、分类别梳理巡河发现问题，针对巡河发现问题建立“一河湖一问题清单”电子档案，逐条制作“河湖问题清单明细表”，逐项梳理归纳工作要点和要求，分阶段、分批次整改，按单滚动销号，确保监督任务不漏项、不重项，监督更加精准有力。2023 年全市共建立市、县两级河湖问题清单 6 份，梳理河湖问题近 20 类 400 多个，整改销号近 400 个，销号率近 100％。

（3）挂图作战。莆田市人大常委会组织 302 名省、市、县、乡四级代表担任全市 77 个市、县级河湖的监督员，完善常态化巡河、问河、督河机制，2023 年人大代表共参与巡河约 1.3 万人次；将发现的问题纳入“全市一张图”平台跟踪督办，发现问题近 500 个，解决问题 430 多个。积极督促相关部门制作并完善全市河湖流域图、污染源图、施工图，积聚河长巡河、问题上报处理、水质监测等要素数据，集成到莆田市智慧河长综合管理平台，合成一张电子地图，担任监督员的各级人大代表在开展巡河、问河、督河等工作时，积极开展“挂图式”监督，全市共制定完成市、县、乡河湖流域图 467 条，污染源图涵盖 1200 个入河排水口，施工图对接了400多个问题清单，三者之间环环相扣，蹄疾步稳推动河湖长制工作走深走实。

木兰溪巡河护河志愿者开展巡河活动（图片来源：东南网）

（三）健全工作机制，代表监督更显实效

（1）智慧赋能。莆田市人大常委会联合莆田市河长制办公室，创新将代表监督员名录、巡河建议接入河长综合管理平台，纳入“全市一张图”，代表提出的意见建议和问题线索，当天上传至平台并反馈至相应的河湖（段）长，实现代表巡河、问题上报处理、问题流转办结等工作流程“一键共享、一网通办”。2023年，全市人大代表共参与巡河601人次，发现并督促整改问题77个，整改率达100％。监督第三方开展河湖督导巡查服务项目，截至2024年第一季度，依托“天-空-地”一体化技术，开展无人机河湖水域岸线排查，共发现并整改问题1032个，整改率达100％。

（2）考核测评。莆田市人大常委会创设代表履职激励机制，量化考核代表监督员，对表现突出的代表进行正面宣传，列入参评本届人大常委会履职优秀代表名单，并视情纳入连任代表建议名单，提高代表履职的积极性、有效性。对各河湖（段）长的工作开展情况采取满意度测评，将整改结果纳入河长制办公室成员单位和河湖（段）长年度绩效考核，将河湖长制工作纳入创建文明单位内容。率先探索“代表评议河长”履职保障模式，实行“周收集、月考核、季通报”问题流转制度，每月量化排名，不定期暗访、视察调研、集中评议，对优秀河湖长表扬，对不合格者批评、约谈、提请问责，倒逼责任落实。在这种监督环境下，莆田市一名专家代表提出了将市区生态景观串连起来，方便群众休闲游玩的建议。建议得到了市政府的采纳，促成了莆田建起一条约53km长的环城“绿道”。每年选定1～3条水质较差、群众反映较强的河道进行点题监督，明确目标任务、责任单位及治理时限等。2022年选定延寿溪作为监督实施河湖长制工作示范点，工作专班定期调研、实地督导，取得明显成效，半年内延寿溪水质从Ⅲ类稳定提升到Ⅱ类及以上。

（3）多元保障。莆田市人大常委会坚持立法保障，积极调整五年立法规划，新增内河管理等立法项目，运用法治思维和方式解决城市建设、民生保障、生态保护、基层治理等难题；优化绿色高质量发展先行市建设的立法制度供给，审议《莆田市河湖林田长制条例》，在全国首创河湖林田“四长合一”立法模式，以法治力量守护好莆田绿水青山、良田沃土。持续做好物资保障，工作专班及各级人大常委会为代表巡河履职提供车辆、经费等保障，并定期召开各级人大代表监督实施河湖长制培训会，组织担任监督员的各级人大代表开展业务培训，对市级人大代表监督员及重点监督的各县（区、管委会）12条河流的各级代表监督员进行专题培训，全市共培训代表人数达180余名，有效提升了各级人大代表在助推监督河湖长制实施过程中的业务水平和实操能力，进一步提升了各级人大代表的综合履职能力和工作效能。

三、经验启示

（1）以民为本。要始终坚持人民至上理念，念民所忧，行民所盼，带着责任、带着感情，以舍我其谁的信心、攻坚克难的决心，一抓到底的干劲、善作善成的韧劲，推动解决群众关切的急难愁盼问题，让监督实施河湖长制工作更有力度，让民生更有温度、幸福更有厚度。

（2）协调联动。推行河湖长制工作，要强化部门配合、横向联动，建立健全部门之间、相邻地区之间的工作沟通、协调机制，消除同级河长之间的“空白地带”。出台实施上下游、左右岸相统一的河湖管护治理政策措施，解决河湖长制工作“碎片化、差异化”问题。

（3）法治保障。要推动专门立法，为河湖长制工作提供法制保障。加大执法力度，严厉查处各类涉水违法违规行为。强化法治宣教，提高全社会对河湖长制工作的认知度，构建公众参与工作体系。

（4）要素保障。要切实落实各级代表监督员配备、工作经费、办公场地，把河湖管护治理资金纳入市（县、区）财政预算予以充分保障，发挥财政资金的引导和杠杆作用。引导金融资源投入河湖管护治理重点领域和薄弱环节，推动河湖管护治理与乡村振兴融合发展。

（5）考核问责。要制定河湖管护治理目标任务的具体内容和标准，对相关责任人和责任部门定期考核；要对代表监督员定期和不定期测评，将测评结果向社会公布；要把河湖长制工作考核情况作为相关责任人和责任部门综合考核的重要内容。

“委员河长制”莆田范本

【摘　要】 推进“委员河长”工作是深入学习贯彻习近平生态文明思想的具体行动。莆田市在全市范围内聘请各级政协委员担任“委员河长”，通过巡河问水、视察监督、协商建言等方式，充分发挥政协政治协商、凝聚共识、民主监督、参政议政作用，重点聚焦节约保护水资源、保障水安全、防治水污染、治理水环境、修复水生态、管控水域岸线等内容，不断完善河湖管护社会监督体系，示范引领广大青年志愿者及社会各界群众共同关心、支持、参与河湖治理，集智聚力推进河湖长制工作有名、有责、有能、有效，同心共守人与自然和谐共生的生态河、智慧河、幸福河。

【关键词】 河湖长制　委员河长　民主监督　幸福河湖

【引　言】 保护江河湖泊，事关人民群众福祉，事关中华民族长远发展。以习近平同志为核心的党中央从人与自然和谐共生、加快推进生态文明建设的战略高度，作出全面推行河长制湖长制的重大战略部署。在 2017 年新年贺词中，习近平总书记发出“每条河流要有河长了”的伟大号令；2020 年，党的十九届五中全会审议通过的“十四五”规划建议，对强化河湖长制作出部署；2021 年，党的十九届六中全会将建立健全河湖长制写入《中共中央关于党的百年奋斗重大成就和历史经验的决议》。

一、背景情况

近年来，莆田市政协坚持把推动生态文明建设作为重要主题。为传承弘扬习近平总书记治理木兰溪的重要理念，进一步落实《福建省河长制规定》和 2022 年 6 月 6 日市委常委会精神，同时为了践行中共二十大提出的完善委员联系界别群众制度机制的重要要求，有效拓展政协委员联系群众的新视野、新手法、新局面，促进委员联系群众的常态化、规范化和实效化，莆田市创新探索选聘政协委员担任“委员河长”工作机制，在全市范围内组织各级政协委员担任“委员河长”，开展保护母亲河系列活动。2022 年以来，市政协发挥职能优势，从细节入手，下“绣花功夫”，编辑《感恩奋进——莆田市政协30年木兰溪综合治理提案汇编》，先后两次开展以木兰溪综合治理为主题的“委员履职活动日”“政协委员话莆阳”活动，开展《墨韵木兰溪》《放歌木兰溪》书画、诗歌的采风和编辑活动，把履职答卷写在了青山绿水间。政协委员助推河湖长制入围水利部“2022基层治水十大水利经验”。

莆田市政协召开2024年度“委员河长”培训暨工作推进会
（图片来源：莆田市政协）

二、主要做法

（一）高位推动，搭建履职平台

一是制方案明方向。制定印发“委员河长”工作方案，对“委员河长”的选聘要求条件、程序办法作出具体规定，对委员河长干什么、河湖怎么巡、问题怎么报、意见怎么提等提出指导意见，明确委员河长五项基本职责，引导“委员河长”当好巡查员、宣传员、参谋员、联络员、示范员，切实管好河、治好河、督好河。

二是建队伍强履职。按照“一名委员河长负责一段河湖、溪、渠（河段）或一段海湖、库岸边”的原则，在全市范围内聘请各级政协委员担任“委员河长”，市县级河道由市政协委员担任“委员河长”，乡级河长由县（区）政协委员担任“委员河长”，履行参与巡河、视察调研、建言献策、监督评价、宣传引导等职责。

三是抓落实强保障。定期召开全市“委员河长”工作部署会、现场推进会、工作座谈会等，共同分析研判流域水生态治理保护，研究解决存在的具体问题和困难，听取委员河长意见建议，共同谋划推进河湖治理保护工作，为推动“委员河长”工作走深走实提供有力组织保障。

（二）机制带动，激发履职动力

一是建立积分奖励机制。落实委员履职积分奖励，委员每月参与巡河一次可得全年基本分 15 分，工作有成效、提出意见建议有被采纳的一次可奖励 1 分，全年最高封顶为 30 分，不履职的不给分，进一步加强对“委员河长”履职管理。得分由市政协和市河长办根据委员履职情况评定。

二是创新智慧管理机制。依托莆田河长综合管理平台、巡河移动客户端，搭建“委员河长”高效履职平台，实现信息共享、问题共商，实现“问题（建议）上报—平台分办—部门处置—河长评价”的闭环运行机制，推动相关问题及时解决。

三是明确绩效考评机制。把“委员河长”工作主动放到“建设莆田绿色高质量发展先行市 ”的目标中谋划推进，对“委员河长”巡河情况实行“每季一通报”，并将各县（区）开展“委员河长”工作落实情况纳入市对县（区）河湖长制工作考核评分细则之中，营造争先进位的良好氛围。

（三）协作联动，探索共治模式

一是做实纵向监督。以市县联动的形式，组织“委员河长”深入实地，对挂钩河湖水域的河岸带保护状况、排污情况、水面环境情况、功能、生态情况和挂钩河湖的河长履职情况开展专项视察调研民主监督活动，做好调查研究“前、中、后”期各环节工作，广泛收集群众对河湖长制工作的意见、建议，形成调研报告。

二是加强横向协同。组织“委员河长”定期走访调研水利局、生态环境局、城管局、住建局、自然资源局等部门，推动相关问题得到及时解决，充分调动部门协同积极性，提高工作效率。

三是擦亮联动品牌。发挥政协协商平台重要作用，整合凝聚各方资源，擦亮“政在携手，与你同行”工作品牌，把“委员河长”工作与委员履职活动驿站、乡镇联络组等一线协商载体建设结合起来，带动更多界别群众参与，助力水生态环境保护和高质量发展。

莆田市政协“委员河长”开展巡查河湖工作

（图片来源：莆田市政协）

三、经验启示

（1）持续深化“委员河长”工作，牢牢把握政治方向。2024 年是新中国和人民政协成立 75 周年，也是习近平总书记亲自擘画木兰溪治理 25 周年。深入推进“委员河长”工作，要以习近平新时代中国特色社会主义思想为指导，全面贯彻落实习近平生态文明思想，践行习近平总书记治理木兰溪的重要理念，持续深化“变害为利、造福人民”的生动实践，充分发挥政协职能作用，切实履行“委员河长”职责，助力提升河湖治理水平。

（2）持续深化“委员河长”工作，围绕大局参政议政。政协组织作为政治机关，要“牢记政治责任”，发挥政协职能优势，参与河湖治理工作，这既是政治责任，也是职责所在。各级政协委员都是各行各业中的精英，要充分发挥各级政协委员在本职工作中的带头作用、在政协工作中的主体作用、在界别群众中的代表作用，发挥岗位优势，履行委员职责，在服务木兰溪综合治理中走前头，在保障民生改善中作表率，踊跃建言献策，切实当好绿色高质量发展先行市的建设者、推动者、宣传者。

（3）持续深化“委员河长”工作，紧盯民之关切、民主监督。坚持“人民政协为人民”的理念，针对民生热点、焦点、难点等实际问题，开展监督性视察、调研，开展“点题协商”，推动政协协商与基层协商有效衔接、同社会治理有机结合，进一步把政协制度优势转化为社会治理效能，推动河湖长制工作落实，助力人与自然和谐共生生态河、智慧河、幸福河湖建设。

“河湖长制＋网络”莆田实践

【摘　要】随着互联网大数据时代的蓬勃发展，莆田市河长制办公室、市水利局积极顺应时代潮流，进一步探索创新社会协同管河治水新机制，充分发挥网络新媒体的优势，联合设立“网络河长”，组建“网络河长”志愿服务队伍，采取“互联网＋河长”形式，通过线上＋线下运行，进一步优化全市多元河长体系，拓展莆田市河湖长制网络宣传阵地，传播莆田河湖长制工作好声音，讲好管河治水的好故事，唤起全民爱河护河的好风尚，助力全市河湖长制工作的优化升级，建设绿色高质量发展先行市。

【关键词】河湖长制　网络河长　好声音　好故事　好风尚

【引　言】“绿水青山就是金山银山。”莆田市水系发达，河网密布，纵横交错。自2017年实施河湖长制工作以来，莆田市河长制办公室、市水利局探索河湖长制＋网络的管理模式，联合东南网莆田站、闽善行服务总站设立“网络河长”，引导广大市民踊跃参与河湖长制工作，争当“建设造福人民的幸福河湖”的传播者、践行者和推动者，以“网”赋能幸福河湖建设。

一、背景情况

河湖治理管理保护是一项复杂的系统工程。为强化河湖监管，莆田市电视台《新闻联播》栏目于2018年4月专门开设“河道督查曝光台”，发挥了媒体舆论和社会监督的双重作用。2019年9月，有了实践探索及迅速发展“互联网＋新媒体”的启发，莆田市河长制办公室、市水利局萌发了新的设想，即联合东南网莆田站、闽善行服务总站设立“网络河长”，组建“网络河长”志愿服务队，旨在发挥网络新媒体的信息传播优势，拓宽河湖长制工作宣传的信息传播渠道，扩大河湖长制工作宣传的社会效果，通过“网络河长”为家乡河代言，传播幸福河湖的好声音、讲好管河治水的好故事、唤起全民爱河护河的好风尚，在全市营造社会关注、人人参与、共同推进幸福河湖建设的浓厚氛围。

二、主要做法

（一）盘活资源，用好平台，传播幸福河湖的好声音

一是拓宽网络河长宣传阵地。为做实做好“网络河长”，莆田市增设“网络河长”办公室，以东南网莆田站为基础，整合一批莆田本地新兴媒体，以及各县区新闻网等21家网络媒体资源，开设“网络河长”官方新闻页面、官网、官微等宣传阵地，拓展莆田市河湖长制网络宣传渠道，传播莆田河湖长制工作好声音，助力全市河湖长制工作优化升级，建设人与自然和谐共生的幸福河。

二是成立网络河长志愿服务队。2019年9月，莆田市人民政府副市长向闽善行服务总站保护母亲河“网络河长志愿服务队”授旗，截至目前，全市有“网络河长志愿服务队”9支共115人。广大志愿者以爱河、护河、巡河、督河、讲河为主要内容，通过政策宣讲、志愿巡河、义务监督等系列活动，讲好治理木兰溪故事。

三是壮大网络河长宣传队伍。“网络河长”与莆田学院、湄洲湾职业技术学院，以及各中小学院校密切合作，采取线上网络授课、线下实地教学等方式，培训15名青年志愿者讲解员，以不同视角讲述治理木兰溪

“保护母亲河”网络河长志愿服务队（图片来源：东南网）

故事。同时，将全市所有少通社小记者站纳入“网络河长”范畴，组织策划环保清洁、长卷共绘木兰溪等不同形式不同主题的活动，培养“小河长”“小记者”“小讲解员”1万名，不断壮大“网络河长”宣传骨干队伍，提升全社会参与“幸福河湖”创建意识。

（二）明确职责，创新载体，讲好管河治水的好故事

一是创新载体，拓宽宣传渠道。明确“网络河长”职责，即借助网络新媒体的信息传播优势，创新做好线上宣传＋线下活动，主动承担政策宣传、典型报道、舆论监督、组织策划、收集民意、示范带动等任务，打通河湖长制及河湖治理全媒体全范围全过程的传播渠道，截至目前，刊播讲好管河治水的好故事1500多篇（幅）、条。

二是借力借势，提升活动质效。“网络河长”与莆田学院“河小禹”实践团共同参与巡河护河宣传活动，开展河道保护宣传清扫活动、“无人机巡河”实战演练等，借助院校的智力优势，为“网络河长”注入新动能，助力莆田市河湖长制全面提档升级。

三是丰富形式，强化辐射范围。通过图文、视频、全景（VR）等多种形式，全方位宣传推广莆田市河湖长制政策法规、重大举措、典型经验和特色亮点，“河长日”、东圳事迹、示范河湖建设、木兰溪样本等有

网络河长进社区，讲幸福木兰溪故事（图片来源：东南网）

特色高质量的创新做法，深受各级好评、获得全省乃至全国推广。

（三）搭建桥梁，接受监督，唤起爱河护河的好风尚

一是打破壁垒，突出共享管护。创新社会协同管河治水新机制，针对河库点多线长面广、管护难度大的实际，网络河长充分发挥自身灵活、方便的优势，消除了河湖长治理盲区，打破了传统管护的壁垒，形成开放、共享的河湖管护模式，实现辖区河流生态问题早发现、早告警、早处置。

二是搭建桥梁，畅通诉求渠道。“网络河长”是收集群众反馈意见的窗口。依托莆田市河长综合管理平台，引入“闽善行”呼叫服务，统一服务热线 968656 ，引导群众积极使用新媒体平台随手记录曝光河湖整治中的不文明行为，并广泛收集群众在日常生活中与木兰溪息息相关的各种问题，及时向有关部门反馈，跟进问题解决情况，使“网络河长”成为河湖长制相关职能部门与社会群众密切沟通、反映社情民意的桥梁。

三是身体力行，诠释人民立场。“网络河长”要严格遵守莆田市制定出台的河湖长制各项制度规定，接受市河长制办公室、市委互联网信息办公室的指导监督，策划推广全市河湖长制最新动态，为河湖长制工作建言献策，接受社会监督和工作考评，唤起全民爱河护河的新风尚，引导群众及其家庭成员自觉参与绿色发展、绿色生活、环保宣传等行动中，助力绿色高质量发展先行市建设。

三、经验启示

（一）创新模式载体是贯彻落实河湖长制的有效举措

木兰溪治理，是习近平总书记在闽工作期间亲自擘画、全程推动治水和生态保护工作的先行探索。近年来，莆田市一以贯之强化河湖长制，创新探索“河湖长制＋网络”治理模式，将河湖长制工作融入党建、乡村振兴、人居环境整治等工作中，以体制机制创新激发河湖治理新活力，实现河长制从“有名有责”到“有能有效”，获评“福建省河长制湖长制正向激励设区市”。

（二）强化日常监管是贯彻落实河湖长制的必要前提

“网络河长”通过网络实现日常监管，将线下线上管理融为一体，打破传统管护壁垒，消除河长治理盲区。此举积极构建数字化、精准化、规范化的新型监管机制，让河湖长制工作“如虎添翼”。推动了全市河湖长制监管工作步入“微时代”，让网络河长治水拥有“智慧平台”，实现日常监管效能“大提升”。

（三）共建共治共享是贯彻落实河湖长制的内在要义

建设幸福河湖，旨在共建、共治、共享。莆田市借助网络，以“网络河长”带动更多的市民参与境内河湖保护，实现共建、共治、共享，既是贯彻落实河湖长制的内在要义，也是彰显木兰溪治理精神的有效途径。

“水系连通”秀屿路径

【摘　要】秀屿区地处沿海，地表水资源匮乏，咸淡水混合，全区来水仅仅依靠雨水，生态流量严重不足，水体流动性差，河道自净能力尚有待提高。为此，秀屿区因地制宜，突出整治河道难题，推进水系连通及农村水系综合整治试点县项目建设，探索人水和谐、科技赋能、多方合力的治理新模式，创新治理引领河畅水清。

【关键词】水系连通　治理新模式　创新治理

【引　言】近年以来，秀屿区深入学习贯彻习近平新时代中国特色社会主义思想和新时期治水思路，坚持民生为上、治水为要，探索构建全流域长效科学治理新模式。通过水系连通、生态修复、科技赋能与多方参与等多重策略，秀屿区不仅有效解决了河道治理难题，还极大地提升了区域防洪能力与水生态环境质量。这一系列举措不仅展现了秀屿区因地制宜、精准施策的治理智慧，更为其他地区提供了可借鉴的宝贵经验，标志着水环境治理新模式的探索与实践取得了显著成效。

一、背景状况

秀屿区境内陆地河流短小，河床浅，水量不足，以溪沟为主，流域面积狭窄，水文影响式微。针对水资源匮乏及河道治理难题，秀屿区因地制宜推进水系连通及农村水系综合整治项目，涵盖多项河道与生态修复工程，累计投资29864万元，治理河道38.3km，显著提升防洪能力，惠及10.76万人口，并改善水生态环境。同时，利用科技赋能，构建高清视频监控系统，强化河湖长制与河道专管员管理，实现河道“五无”标准常态化管理。此外，通过多方合力，组织多层级、多领域的护河活动，构建共治共享的社会治水格局，全面提升了水环境治理效果与公众参与度。

二、主要做法

一是因地制宜，探索人水和谐治理新模式。针对原水匮乏问题，秀屿区全力推进水系连通及农村水系综合整治试点县项目，包括埭头溪河道综合整治工程、炉厝溪河道综合整治工程、埭头镇滨水生态修复工程、溪顶溪河道综合整治工程、凤岸溪河道综合整治工程、大蚶山水源涵养与水土保持工程、秀屿区农村生活污水收集与处理工程等。截至目前，已完成投资 29864 万元，项目已全部竣工验收，治理河道长度共 38.3km，水土流失治理面积 620 亩，通过治理可新增防洪保护村庄数 20 个，防洪保护人口数 10.76 万人，防洪除涝受益面积 1.21 万亩，河道生态岸线率达到 80%；河道水面更宽广、水量更丰富、行洪更通畅，河道水面面积增加 20 亩，新增湿地面积 0.006km^2；完成巡查步道 5.5km，含炉厝溪步道两侧景观绿化 2.0km 及埭头溪步道两侧景观绿化 0.5km。流水不腐，户枢不蠹，秀屿区通过河流源头生态修复、河道清障、清淤疏浚、岸坡整治、水系连通、河湖管护，统筹防污控污和景观人文，打造水脉环绕、文脉相传、人水和谐的秀屿特色水廊。

埭头溪风光及步道（图片来源：秀屿区河长制办公室）

二是要素融合，探索科技赋能治理新模式。秀屿区河长制标准化建设再升级，与铁塔公司联合建成的一套高效、实用的高清视频监控系统，通过视频监控手段，利用 59 个通信基站高空铁塔杆资源，对全区 5 条区级、20 条镇级河道实现全覆盖、全天候监控，同时出台了《莆田市秀屿区河道专管员管理办法（修订）》，规范河长制和河道专管员制度，提升全区河道专管员队伍整体素质和服务水平，监督全区96名河道专管员河道巡查工作和履职责任，对河道实行“无杂物漂浮、无违章建筑、无护岸坍塌、无污水直排、无污泥淤积”的“五无”标准的常态化管理；让河道问题的发现、处理、解决形成闭环，实现“人防”“技防”两个要素相融合。

河岸花开（图片来源：秀屿区河长制办公室）

三是齐头并进，探索多方合力治理新模式。河湖长制工作需要多方共同管护，凝聚各方力量。区、镇级人大代表开展巡河活动，实地察看了多河段，直观全面了解河道整治、水环境综合治理等现状；莆田秀屿区东峤镇副镇长、副河长与东峤派出所河道警长一同在珠江河流域进行巡河，重点查看了河段水质、日常管护及河道保洁工作情况；秀屿区月塘镇“木兰姐姐”护河宣讲分队在岱前村开展巾帼护河志愿服务活动；秀屿区妇女联合会举办秀屿区“木兰姐姐”巾帼护河志愿者业务提升培训……除持续推进跨部门联合治水外，秀屿区始终坚持社会参与的原则，组织开展河湖长制宣传工作。秀屿区以“强化依法治水　携手共护母亲河”为主题，全面开展“世界水日”“中国水周”系列活动，区河长制办公室在秀屿区铜锣湾万达广场举办宣传活动，同时7个乡镇也响应号召，开展以“寻找最美家乡河”为主题的征文活动，组织分发河湖长制宣传单，组织开展护河志愿活动；秀屿区东庄镇河长制办公室联合圣元环保电力有限公司开展“清河净湖”专项整治行动，全面推进河湖长制，让企业从“旁观治水”转化为“责任治水”；埭头镇河长制办公室与埭头第一中心校联合开展了“护河流的倡议书”主题宣传进校园活动，通过主题班会、观看爱河护河宣传片等形式，向学生普及爱河护河知识……“千人同心，则得千人之力”，秀屿区构建齐抓共管格局，充分动员社会团体、民间组织等力量参与到水环境治理工作中来，形成保护河湖库人人参与、齐抓共管的良好社会风尚。

三、工作启示

一是强化巡河机制。河道问题采取早发现、早治理的原则进行整治，规范河长、专管员巡河工作，依托智慧化管理平台，采取每月通报制度。

二是健全管护机制。建立完善跨界河湖联防联控机制，推动流域统筹、区域协同、部门联动，强化河长制体系“最后一公里”。要增强履职实效，完善“一河一策”和“一河一档”方案，综合运用多种方式，推进科学巡查、精准施治、系统治理。

三是畅通诉求渠道。构建畅通、便利的公众诉求渠道，建立快速有效的问题诉求反馈整改机制，进一步消除河长制工作过程中公众存在的信息障碍，调动公众参与度，实现河道问题共管、共治、共享的新型管理格局。

第六章　司法协作

莆田法院首创“多元修复、立体保护”流域司法新模式

【摘　要】2017年全面推行河湖长制以来，福建省河湖长制工作始终走在全国前列，是全国唯一连续6年获得国家正向激励的省份，先后5次在中组部举办的全国河湖长培训班上授课，“河湖长制＋司法”协作机制被列入国家生态文明试验区推广清单，成为全国学习的模板。莆田中院在全省首家成立“法院服务保障河长制工作站”，构建以流域为核心的生态司法保护格局，全力守护母亲河碧水安澜。

【关键词】莆田法院　多元修复　协同共治

【引　言】木兰溪是莆田市的“母亲河”，是福建“五江一溪”重要河流之一，也是闽中最大的河流。福建省委书记在全省河湖长制林长制工作会议上强调，要积极构建保护治理大格局，实施山水林田湖草沙一体化保护和系统治理，创新完善全方位、全地域、全过程的协调治理机制。莆田法院积极推动健全完善生态环境执法与司法协调联动机制，联动生态环境、林业、水利、海警等部门开展履职协作、信息共享、联合打击、普法宣传等生态保护工作，努力构建多元协同共治新格局，筑牢木兰溪流域生态司法保护屏障。

一、背景状况

千古木兰溪，一心为民情。莆田人民坚持“一张蓝图绘到底”，久久为功、系统治理，使木兰溪从“水患之河”变成全国十大“最美家乡河”。近年来，莆田两级法院坚持以习近平新时代中国特色社会主义思想为指导，全面深入学习贯彻习近平法治思想和生态文明思想，出台深入学习习近平总书记治理木兰溪的重要理念的贯彻意见，实行水资源保护、水生态修复等八项措施。印发《木兰溪流域司法保护行动计划》，依法支持流域系统治理项目建设，坚持“流域一盘棋”的思想，大力实施“法沁木兰”行动，扎实推进生态司法保护工作，创新“多元修复、立体保

护”流域司法模式，在服务保障莆田经济社会发展中彰显司法担当、贡献司法力量。

二、主要做法和成效

（1）多元修复，创新生态修复“莆田样本”。一是首创“固坝填石”模式。莆田法院探索河道修复模式，判令被告人在非法采砂点对受损河道进行修复，联合相关部门对设计、施工、验收等全过程参与跟踪，是木兰溪流域生态破坏修复治理中的一次大胆尝试和探索实践，为全市乃至全省河道治理提供了可复制、可推广的修复样本，该案入选省法院“水资源司法保护十大案例”。二是首创“筑巢护鸟令”。在刑事案件中责令被告人筑巢护鸟修复湿地公园受损生态环境，被新华社宣传报道，浏览量超100万人次；三是常态化推行“补植复绿”。积极建设异地补植复绿基地，在湄洲岛建立“法苑林”，在仙游建立补植复绿示范基地，完善涉林案件生态补偿工作，近五年累计补植复绿树苗1.8万余株。四是适时开展“增殖放流”。每年联合海洋渔业局等部门在莆田市主要河流、码头开展增殖放流、伏季休渔宣传等活动，累计增殖放流鱼苗约3亿尾。五是依法适用“从业禁止令”。对电镀企业因排放重金属超标废水造成的污染行为，对主要经营者处以刑罚，并适用“从业禁止令”，禁止其刑满后从事关联行业。六是创新“生态司法＋审计”。与市审计委员会联合制定了《关于建立生态司法与审计衔接机制的意见》，在全国率先开展生态审判与领导干部自然资源资产离任审计衔接工作，被省委、省政府作为国家生态文明试验区第三批改革成果在全省复制推广，被最高人民法院重点推介，入选福建法院十大改革创新亮点举措。

（2）碳汇赔偿，建立健全碳汇赔偿机制。为助力实现碳达峰、碳中和目标，莆田两级法院先后联合其他部门出台《关于在办理生态环境刑事犯罪和公益诉讼案件中适用林业碳汇赔偿机制开展生态修复的工作指引（试行）》《关于在生态环境刑事案件中开展生态修复适用海洋碳汇赔偿机制的工作指引（试行）》，打造林业、海洋生态修复赔偿一站式工作模式。在生态刑事案件中引导被告人购买碳汇替代修复，已经在10起涉林、涉水刑事犯罪案件中，累计引导12名被告人主动购买林业碳汇1148吨、海洋碳汇约12000吨。首创“红树保护+篮碳修复”，采取等价异地替代修复方式，委托第三方在木兰溪入海口湿地公园种植红树林，即“造林增汇”蓝碳替代修复受损生态环境，保护木兰溪口海洋生态系统。

（3）外脑助力，创新技术调查官制度。莆田中院积极向外借智、借力，推行“专家助审”工作模式，选聘10名生态技术调查官，全程深度参与生态环境司法活动，开创了以技术助理身份参审的第三条路径，重点解决技术事实查明问题和生态修复落实问题。充分发挥技术专家专业优势，为解决生态环境审判专业技术强、生态司法修复监督难等堵点问题提供智力支撑。

（4）协同共治，构筑跨行跨域保护机制。莆田中院在全省首家成立“法院服务保障河长制工作站”，“生态司法+河长制”被省政府作为莆田服务保障河长制的七大经验做法之一重点推介。以点带面，实施“跨域协作”，组织召开闽东北协同发展区五地法院司法保护两江联席会议，发布莆田十大司法护水典型案例，同步发布《莆田法院生态司法绿皮书》，服务保障国家生态文明试验区建设。与泉州两级法院建立“‘美丽海湾·和美海岛’跨域生态司法协同保护示范基地”，并签订《“美丽湄洲湾”跨域生态司法保护协作机制》，全方面构筑立体式生态司法保护层。

三、工作启示

（1）深化、优化环境资源审判“三合一”是内在要求。环境资源实行“三合一”归口审理机制，是聚焦构建现代化环境治理体系，着力提升环境资源审判执行整体质效的时代要求，在实现环境裁判规则统一、专业化队伍建设、环境治理现代化方面发挥了制度优势。

（2）加强全流域协同治理多元共治是基础要件。生态环境司法保护必须坚持多部门协作、多平台衔接、多渠道推进，打造全链条式的司法协作，树立全流域、全市“大合唱”统筹协调治理理念，在统一执法司法尺度、案件线索移送、环境修复执行、追究损害责任、环保宣传等方面协同发力，构筑打击、预防、联动“三位一体”生态司法模式。

（3）聚焦“恢复性司法实践＋社会化综合治理”是必要条件。将环境资源司法融入基层社会治理，进一步提升生态环境修复判项的明确性和可操作性，对环境侵权人不履行修复义务或者受损生态环境无法修复、修复成本过高的，探索完善第三方替代履行与等价异位修复等司法举措，发挥恢复性司法的叠加优势，全面提升参与治理效能。

“河长+检察长”仙游样本

【摘　要】全面推行河湖长制，是落实绿色发展理念、推进生态文明建设的内在要求，也是经济发展方式转变、产业结构调整的助推器。近年来，仙游县检察院依托县河长制平台，成立驻县河长制办公室检察官工作室，把保护木兰溪生态文明建设作为重点工作内容，主动发挥公益诉讼在生态环保领域的强堤筑坝作用。针对木兰溪全流域保护开展系列检察监督活动，打响污染防治攻坚战，推动查处环境污染犯罪工作深入开展，做美丽仙游的建设者和守护者。

【关键词】检察机关　木兰溪　生态环境保护　法律监督

【引　言】2016年10月11日，习近平总书记主持召开中央全面深化改革领导小组第二十八次会议并发表重要讲话。会议指出，保护江河湖泊，事关人民群众福祉，事关中华民族长远发展。全面推行河长制，目的是贯彻新发展理念，以保护水资源、防治水污染、改善水环境、修复水生态为主要任务，构建责任明确、协调有序、监管严格、保护有力的河湖管理保护机制，为维护河湖健康生命、实现河湖功能永续利用提供制度保障。

一、背景情况

木兰溪是莆田人民的母亲河，发源于戴云山脉，自西至东横贯莆田市中部，经仙游县度尾、大济、鲤南、盖尾等乡镇进入城厢区华亭、木兰陂至涵江三江口入兴化湾，主河道全长105km，平均坡降为0.45‰，多年平均径流量为9.85亿m^3，流域面积1732km^2，占全市区域面积的43.14%。行走在莆田的城乡，真切感受到这座城市和她的儿女与这条河流复杂情感的交织。从水患不绝、灾害频发到“最美家乡河”“人水和谐的生态样本河”，莆田人民的母亲河木兰溪的蜕变，是习近平同志亲自擘画、亲自推动建设的结果。对木兰溪治理过程中的宝贵经验和做法予以总结，尤其是深入探究检察机关在木兰溪治理过程中所能发挥的作用，对于木兰溪流域下一步的治理和维持具有重要意义。

二、主要做法

（一）依法严惩危害木兰溪流域生态环境犯罪

仙游县检察院及时掌握木兰溪流域破坏生态环境犯罪的新特点、新动向，认真履行批捕起诉职能，坚决惩治频发性破坏生态环境的刑事犯罪。一是建立严重破坏生态环境刑事犯罪案件审查批捕、审查起诉环节快速反应机制，对群众反映强烈、犯罪性质恶劣的案件，及时介入和适时提前侦查、引导取证，优先受理，快捕快诉。二是采取现场指导、联合督查等形式，集中力量办理一批社会影响大、具有典型意义的重大案件。三是紧密结合扫黑除恶专项斗争，严厉惩治非法洗砂、非法采砂、非法占地等违法犯罪行为背后的黑恶势力犯罪，深挖保护伞。四是加强与监察委的协作配合，发现生态环境监管部门不作为、乱作为背后的职务犯罪线索，及时移交查处。2018 年 5 月，仙游县检察院巡查中发现位于木兰溪支流社硎乡一级饮用水源保护区的双溪口水库上游河道中有非法采砂现象，立即向仙游县水务局发出公益诉讼诉前检察建议，同时将该案件线索移送公安机关。仙游县公安局随即以涉嫌非法采矿罪对违法采砂人陈某立案侦查。2019 年 3 月，仙游县检察院对该案提起刑事附带民事公益诉讼，法院全部支持了检察机关的诉讼请求。该案获得省人大关注，2018 年 8 月，省人大常委会《福建省河道保护管理条例》执法检查组专门来到双溪口水库河道案发现场，听取并肯定了仙游县检察院办理此案的思路和举措。《检察日报》头版、最高检微信公众号头条、《福建法治报》等相继做了专题报道。

（二）全面履行刑事民事行政诉讼监督

加强对破坏生态环境资源案件诉讼监督，紧盯破坏生态环境资源犯罪立案、侦查、审判、执行等重点环节，着力监督纠正执法不严、司法不公突出问题。一是深化破坏环境资源犯罪专项立案监督，督促行政执法机关及时移送涉嫌犯罪案件，监督侦查机关及时立案查处，切实防止和纠正有案不立、有罪不究、以罚代刑、降格处理等问题。2018 年 5 月间，仙游广播电视台曝光榜头镇一家养猪场污染下游水质的问题，周边群众也多次上访。仙游县检察院及时查阅了林业行政执法案卷，经调查取证得知，该养猪场几年来有持续非法占用农用地的情况，遂依法向县公安局发出《要求说明不立案理由通知书》，公安机关随即作刑事立案。2019年8月，涉案人被以非法占用农用地罪判刑并处罚金。同时，针对该案林业执法中可能存在的渎职问题线索，还依法移送县监察委。二是完善生态环境民事行政申诉案件办理机制，及时受理审查因环境污染责任、资源权属和利用等引发的民行申诉案件，综合运用抗诉、检察建议、支持起诉等手段，加强对涉生态环境民事行政审判和调解执行活动的监督，提出再审检察建议2件。三是探索建立破坏生态环境类案监督机制，针对侦查机关、审判机关、行政执法机关执法办案中的共性问题，深入分析原因，促进同类问题解决，提出完善工作机制检察建议8件。

（三）聚焦木兰溪公益诉讼和生态修复

木兰溪流域的生态保护存在行政机关重行政处罚、轻生态修复的问题；且这仅限于被行政机关立案处理的案件，尚有大量的案件未被发现或被“灵活”处理掉。这对仙游县检察院开展木兰溪流域生态公益诉讼既是一种挑战更是一种机遇。考虑到案件将来可能提起公益诉讼，仙游县检察院在提出检察建议时将生态修复的内容纳入诉前检察建议中，以期达到与提起公益诉讼的诉讼请求实现有效对接。在办理陈灿非法采矿刑事附带民事公益诉讼案中以本市专门机构出具的生态修复方案替代鉴定报告，灵活成功解决了生态修复鉴定难、鉴定时间长、鉴定费用高等制约检察公益诉讼问题。2016年6月县检察院联合县政府、县法院在县国有林场设立“法制宣传教育基地”及“生态修复基地”。2018年初，县检察院牵头设立仙游县生态文明基金账户，为生态修复救济提供资金支撑。2018年11月，检察日报社主办的“发挥检察职能，助力脱贫攻坚”研讨会上，仙游县检察院所作“为生态扶贫提供法治保障”的经验介绍发言，被检察日报社作了原文刊登。

三、经验启示

（一）领导重视是开展专项工作的有力后盾

莆田市检察院和仙游县委、县政府高度重视和支持仙游县检察院的专项监督工作。县委书记和县长先后作出批示，要求相关科局和乡镇要予以配合。党政机关及人大的支持，为行使公益诉讼调查核实权提供了便利，为木兰溪流域仙游检察监督工作的顺利推进奠定了坚实的基础。

（二）多措并举是落实监督成效的有效途径

树立双赢、多赢、共赢的监督理念，灵活运用多种监督方式，才能实现监督办案的政治效果、社会效果、法律效果有机统一。在批捕、起诉工作中，既要严守罪刑法定、证据裁判原则，又要准确把握法律政策界限，做到准确定性、依法办理。在诉讼监督中，注意与被监督单位平等相待，用法律和事实说话，争取理解，共同推进严格执法、公正司法。在公益诉讼中，把检察建议与提起公益诉讼、检察监督与促进行政机关自我纠错有效衔接起来，促进行政机关积极履职、主动整改，增强保护木兰溪流域生态环境的整体效能。

（三）与时俱进是推进专项活动的强大动力

针对群众反映强烈的突出问题组织开展专项监督，是检察机关回应群众呼声、强化法律监督的有效方式。抓住党政关注、群众关心、社会关切的突出环境问题，部署开展打击犯罪、诉讼监督、公益诉讼等方面的“小专项”，以专项带动全局。适时依据检察机关提起公益诉讼新的职能定位，将专项活动导入公益诉讼程序，探索赔偿损失和环境修复责任相结合的救济方式，改变了检察建议“一发了之”的简单方式，探索实践生态修复，为木兰溪流域的生态保护注入了强劲动力。

（四）成果物化是提升检察宣传的有力举措

单纯宣传木兰溪流域生态案件，不能使当地群众深入了解检察机关保护木兰溪的履职情况。建议在木兰溪廉政走廊设置仙游检察机关开展“关爱木兰溪·保护母亲河”专项行动的宣传栏，将仙游检察的监督理念、基本职能以及工作成效直观地展现在木兰溪畔，让人民群众进一步了解仙游检察在服务中心大局以及保护木兰溪生态环境的担当作为，同时也依靠人民群众的力量，营造保护母亲河的浓厚氛围，着力打造“枫桥经验”的检察样本。

“三长共治”引领水韵涵江

【摘　要】涵江区建立“河长＋警长＋检察长”三长联动工作机制，为河湖长制增添司法“利剑”，持续以“河长制”推动“河长治”，不断扩展治河“朋友圈”，司法力量注入河湖长制工作，推动河湖长制各项措施和任务落实，凝聚河湖保护合力，形成“三长”联手、部门联动、共护河湖的铁腕护水新格局。

【关键词】“三长”联手　生态保护驿站

【引　言】涵江区贯彻落实中央及省市工作部署，全面实施河湖长制工作以来，河湖面貌焕然一新，河湖生态持续向好。推进河湖长制工作进程中，涵江区积极实践探索，联合司法力量，形成护河合力，取得了良好的工作实效，也总结了不少好经验、好做法。

一、背景情况

近年来，涵江区积极践行习近平生态文明思想，致力于维护河流健康生命，实现河流功能永续利用，并在推行河湖长制工作中积极实践探索，创新建立了“河长＋庭长＋检察长”工作机制，通过职能互补、齐抓共管、共同探索、凝结合力，有效破解河湖生态治理难题，实现行政执法与检察监督的“无缝对接”，不断提高水环境治理、管理、保护水平，共同守护涵江的河湖生态安全。

二、主要做法和取得成效

（一）“河长＋庭长＋检察长”，合力推进河湖管护

1. 扎实构建生态保护协作机制

“河长＋庭长＋检察长”是涵江区充分利用司法机关的法律监督职能，以更好地服务于河湖长制的实施和各项任务，推动形成河湖保护的协同效应。涵江区河长制办公室联合区法院、区检察院共同制定关于《莆田市涵江区生态环境损害修复资金管理办法（试行）》《关于建立监

督服务保障机制合力推进河长制工作的意见（试行）》，深化行政执法和刑事司法有机衔接，提高生态环境损害修复资金使用的规范性、安全性和有效性。

2. 加强与各部门间的沟通合作

区河长制办公室与公检法相关部门密切协作，积极践行“绿水青山就是金山银山”绿色发展理念，坚持打击犯罪与修复生态并举，加强部门间的协助联动，构建生态资源共享、优势互补的常态化监督机制。2021年11月，涵江区检察院、江口镇河长在萩芦溪开展联合巡河工作时，发现萩芦溪入海口占河围垦整改情况，现场制止违法行为。随后涵江区检察院、涵江区河长制办公室、涵江区水利局、江口镇政府等多方工作人员就此事召开磋商会，责令涉事人员自行恢复河道原貌。2022年4月，涵江法院联合市法院、市检察院、涵江检察院、涵江森林公安局、涵江自然资源局，一同前往涵江区江口镇官庄村、东大村，对涉林生态案件补植复绿现场踏勘，查验案件当事人履行生态修复义务情况，督促补植复绿协议落到实处……一次次的联合行动，促进河湖治理保护中的突出问题得到有效解决。

3. 不断凝聚合力激发综合效能

自涵江区建立“河长＋检察长”协作机制以来，检察机关持续强化水环境检察公益保护，坚持合作共赢一体推动，积极探索公益诉讼有效衔接区河流生态保护方式、方法，统筹协调河长制成员单位职能作用，有效落实信息共享、案件线索移送、开展联合专项行动等协作机制内容，助力打造河通水畅、水清岸绿、生物多样、人水和谐的宜居环境，擦亮绿色发展的生态底色。

（二）建立生态保护驿站，以点带面增强司法辐射力

“河长＋生态岗”是涵江区以生态保护驿站为平台，落实习近平生态文明思想，推动生态环境综合治理，充分发挥生态保护驿站在河长制工作中的功能而开创的一项治河新举措。

2022年2月，木兰溪入海口生态保护（三江口）驿站揭牌成立。该驿站位于木兰溪入海口，由涵江区河长办联合公检法、海事、水利、生态等7家区直单位及三江口镇政府联合组成，下设巡查服务岗、联动执勤

涵江区法院联合多部门增殖放流守护
“木兰溪”母亲河（戴婷婷　摄）

岗、自然生态岗、公益保护岗。

依托驿站平台可以有效扩大有关木兰溪入海口生态保护方针政策的宣传，提高群众河道管护、生态及生物多样性保护的意识。同时建立联动执法、问题快处、修复共建的工作机制，构建互联互通的入海口生态保护信息共享平台，用法治力量推进水生态保护。该驿站的成立，也将进一步扩大有关木兰溪入海口生态保护方针政策的宣传，提高群众河道管护、生态及生物多样性保护的意识。通过构建互联互通的入海口生态保护信息共享平台，用法治力量推进滨海水生态恢复，打造蓝色海湾木兰溪生态修复新样本。

多部门联动参与河湖生态保护与治理，既是司法机关、行政机关发挥职能的着力点，更是河长制工作实现“有名有责”向“有能有效”转变的重要途径，有效助力提升了河湖生态环境治理保护水平，让人民群众享有“河畅、水清、岸绿、景美、人和”的生产生活环境，增强人民的满意感、幸福感、安全感、获得感。

（三）创新办案机制，加大生态检察保障力

1. 优化生态检察工作模式

为了更好推进生态保护建设见识见效，更强有力地推动河湖长制工作稳步向前，区检察院充分发挥职能作用，以执法办案为中心，主动靠前、主动作为，充分发挥检察职能作用，严厉打击破坏生态环境资源刑事犯罪，切实加强对环境资源的司法保护力度。2017 年以来，依法打击毁林、危害珍贵、濒危野生动物等破坏生态环境犯罪 57 件 97 人。

2. 提升公益诉讼检察办案质效

2017 年以来，区检察院共办理木兰溪流域治理公益诉讼案件 36 件。共督促行政机关清理污染和非法占用的河道面积 7526.9 平方米，督促拆除违规垃圾堆放点 2 处，涉及清理生活垃圾 5 万吨，清理建筑垃圾 140 多吨，其他生活垃圾、工业固体废物等40多吨，清理面积近9亩。办理非法占用农用地专项监督案件13件，督促非法堆砂点恢复耕种19处，督促恢复被破坏农用地、林地148.8835亩，追缴生态修复费用38294.23元。

3. 践行生态环境损害修复资金制度

恢复性司法工作是生态检察工作的重要内容，严格遵循“谁损害、谁修复、谁赔偿”的原则，积极探索运用生态修复协议机制，落实“一案一修复”。在全市首家建立生态环境损害修复资金机制，督促缴纳生态修复赔偿金221.99万元，用于全区环境资源损害修复、生态系统一般性养护、生态教育警示基地建设等。

三、经验启示

“河长+庭长+检察长”三长联动机制是在河湖长制基础上的创新举措，有利于探索构建协调有序、监管严格、保护有力的河湖管理新机制，进一步密切河长制办公室与司法机关的协作配合，着力构建区域协作、部门联动的司法助力河湖长制新格局，共同推动生态保护有实效、见成效。

涵江区法院打造司法守护木兰溪新样本

【摘　要】涵江区法院深入贯彻习近平总书记治理木兰溪的重要理念，积极发挥司法职能，依法加强水资源保护、促进水生态修复、破解水难题联动，夯实河湖管理基础工作，推进河湖管理的规范化和法治化，确保木兰溪流域的生态环境得到有效保护，为绿色高质量发展先行市建设贡献司法力量。

【关键词】木兰溪　司法护航　联动机制

【引　言】近年来，涵江区法院秉持保护优先、自然恢复的理念不动摇，自觉肩负起维护木兰溪安澜的法治责任。在充分发挥环境审判职能的基础上，积极创新，探索环境修复的新模式，有效攻克了木兰溪生态治理中的部分难题，以司法之力打造了木兰溪生态保护多元共治格局的“涵江新样本”。

一、背景情况

2020以来，涵江区法院深入贯彻习近平总书记治理木兰溪的重要理念，以现代环境司法理念为引领，以专业化审判建设为抓手，以体制机制创新为重点，立足审判职能，大力加强生态环境审判工作，不断完善生态环境司法保护工作机制，为绿色经济发展提供有力的司法服务和保障。

二、主要做法

（一）完善制度机制，提升审判“专业化”

近年来，涵江区法院努力打造一支忠诚、干净、担当、高素质生态司法审判团队，不断强化队伍建设、提升司法能力，有效推动涵江区生态环境审判工作开展。

（1）健全生态审判机构。环境资源案件具有高度的复合性和专业技术性，需要走专门化审判之路。涵江区法院在落实内设机构改革中，保留了生态环境审判机构，成立了“生态环境审判庭”，并推进刑事、民事、行政案件“三合一”审理模式，专门负责审理涉林业、环保、矿产、水土资源等生态环境类刑事、民事、行政案件，同时形成生态环境审判和立案、执行等部门分工负责又紧密配合的协同审判工作机制。“三合一”审判机制，有利于对生态环境全方位、全领域、综合性的立体司法保护。

（2）合理配置审判力量。在组建生态审判团队过程中，涵江区法院克服案多人少矛盾，为生态庭审判配备2名有经验、善于学习、勇于创新的法官和4名优秀司法辅助人员。同时，多次派员参加全国、省、市级法院环境资源审判各类培训班、研讨会等，加大对生态环境审判业务的培训力度，以适应生态环境审判新形势发展。

（3）完善健全机制建设。涵江区法院加快完善健全制度机制，与区河长制办公室、检察院共同制定《莆田市涵江区生态环境损害修复资金管理办法（试行）》，完善生态修复专项资金管理机制，统筹生态修复资金保障生态环境治理工作。截至2024年7月，涵江区生态修复金账户共收取生态修复金3030046.9元。与区检察院、公安局等部门共同制定《关于在破坏森林资源违法犯罪案件中开展生态修复机制工作的实施意见》。同时，与市法院联合制定《木兰溪流域司法保护行动计划》，并出台《关于加强木兰溪流域司法保护工作的意见》，为木兰溪流域系统治理提供有力的司法保障。

（二）立足审判主业，筑牢生态“防护墙”

涵江区法院依法审理刑事、民事、行政生态环境类型案件，坚持“严”字当头，惩治破坏生态环境违法犯罪行为，切实保障木兰溪母亲河的长久安澜。

（1）严厉打击破坏生态环境刑事犯罪。依法严惩非法捕捞、非法采矿、盗伐林木、非法占用农用地和危害珍贵、濒危野生动物等破坏生态资源的犯罪行为，以及向河流、湖泊排放污染物或超标排放废水等造成水环境严重污染的犯罪行为，保持打击生态环境资源犯罪的高压态势。2020年以来，涵江区法院共审结涉生态环境类刑事案件27件42人，其中判处有期徒刑三年以下27人（含缓刑20人），判处有期徒刑三年以上五年以下 9 人，拘役 4 人，单处罚金 2 人。

(2) 依法审理涉生态环境行政案件。全面审查被诉行政行为合法性问题，依法审理涉及森林、海域、矿产、水流、滩涂等生态环境类行政案件。一方面，加强司法审查、监督、规治，督促行政机关依法行政，充分保障当事人诉权和社会公众环境信息知情权；另一方面，坚持加强合法性审查梯度、法度、强度，正确处理生态环境行政审判与生态环境行政执法的关系，支持行政机关依法履职，筑牢绿色生态法治屏障。2020 年以来，涵江区法院受理各类涉生态环境类行政诉讼案件 36 件，审结 35 件，审结率 97.22%。其中，依法审理莆田市首例涉水环境行政检察公益诉讼，判决确认某行政机关不履行河道监管职责的行为违法，促使其主动整改并拆除位于下磨溪支流河道右岸的违章建筑，恢复被侵占的行洪断面 167.06m^2，保障河道行洪安全，助力木兰溪综合治理工程建设。

(3) 加大非诉行政案件生态环境执行力度。坚持适度审查、合法审查原则，确保涉非诉生态环境执行案件执行到位。加强与生态环境行政部门的沟通协作，完善立案、审理、执行“三优先”机制，及时受理、迅速审查、依法裁定、有效执行，广泛运用司法查询、系统查控、执行联动、司法拘留等措施，做好查人找物工作。探索建立健全生态环境非诉行政执行案件定期回访制度，密切跟踪监督被执行人有效履行生态环境行政处罚决定，确保生态环境修复责任落实到位。2020 年以来，涵江区法院共审结各类行政非诉执行案件 61 件，执行标的额 1216666.8 元，裁定恢复林地面积 36426.43m^2。

(4) 积极落实生态环境公益诉讼制度。涵江区法院认真贯彻落实最高人民法院、最高人民检察院《关于检察公益诉讼案件适用法律若干问题的解释》，及时受理检察机关提起的环境民事、行政公益诉讼；积极探索激励社会组织提起公益诉讼机制，高度重视公益诉讼对于生态环境保护的评价指引和政策形成功能，实现良好的法律效果与社会效果统一。2020 年以来，共审结涉生态环境类刑事附带民事公益诉讼案件 9 件。2024 年 6 月 28 日，涵江区法院审理两起危害珍贵、濒危野生动物案，“法检两长”同庭履职，充分彰显涵江区法院重视生态环境修复和保护生态资源的司法担当。

（三）创新司法理念，寻求修复“最优解”

涵江区法院积极践行生态环境修复性司法理念，探索多元修复方式，拓宽生态修复适用领域，多项创新机制均走在全市前列。

（1）全省首创生态审计衔接机制。2019 年 1 月，涵江区法院与区审计局共同制定出台《关于建立生态司法与审计衔接机制的意见》，为做好生态自然资源审判与领导干部自然资源资产离任审计衔接工作，充分发挥法律监督和审计监督在促进依法行政中的作用，提供机制保障。人民法院报、福建日报等主流媒体广泛报道推广和适用“生态司法＋审计”机制创新经验。

（2）全市首发“从业禁止令”。涵江区法院在审理戴某某犯污染环境罪一案中，首次将“从业禁止”写进刑事判决书，禁止被告人自刑罚执行完毕之日或者假释之日起三年内从事电镀生产行业。该案是全市法院首例适用“从业禁止”法条的生态环境刑事案件，有效阻断或降低了被告人再次实施污染环境犯罪的可能性，促进从业人员提升环保意识。

（3）全市首发“巡山护鸟令”。在被告人肖某某犯非法狩猎罪一案中，在对被告人判处刑罚的同时，责令肖某某在缓刑考验期限内进行每两周一次、每次八小时的巡山护林。该份“巡山护鸟令”系全市法院发出的首份“巡山护鸟令”，以生态“公益劳动”的形式开展生态替代性修复，有力提升广大群众保护森林的法律意识。

（4）全市首场碳汇联席会议。2023 年 4 月，涵江区法院联合区检察院、公安局、自然资源局、发改委、生态环境局召开关于生态司法修复适用林业碳汇赔偿机制的联席会议。联席会议的召开是探索“司法修复＋碳汇”工作机制的一次有益尝试，将林业碳汇融入生态修复机制中，弥补了补裁补种判决不能第一时间全方位修复生态的不足，是司法助力生态修复的理念探索和创新。

（四）注重司法协作，纵横联手“聚合力”

涵江区法院充分发挥司法能动性，以府院联动工作为契机，加强与公安、检察及行政机关协作配合，推进行政执法与环境司法有效衔接，推动木兰溪流域生态环境一体化保护和协同治理。

（1）推动多元共同治理。涵江区法院与区河长制办公室、检察院共同制定《关于建立监督服务保障机制合力推进河长制工作的意见（试行）》，成立了驻区河长制办公室法官工作室，推行“河长制”专项会商机制，及时沟通交流工作情况，对生态环境审判的法律适用、证据标准、鉴定检测、生态修复方案等具体疑难问题深入交流探讨。与区检察院共同挂牌成立全市首个“林长制司法保护法官检察官工作室”，建立生态环境刑事犯罪和重点整治对象及事项的工作台账，并达成“建立监督服务保障机制合力推进林长制工作”的一致意见。与区检察院、公安局、自然资源局等部门联合设立“木兰溪入海口生态保护（三江口）驿站”，建立联动执法、问题快处、修复共建的工作机制，构建互联互通的木兰溪入海口生态保护信息共享平台，为各部门的多元共治提供了良好平台。

（2）深化府院协调联动。完善“两法衔接”工作机制，对涉嫌污染水体、破坏生态环境、捕猎水生物等破坏生态环境的违法线索，依法提前介入，指导行政机关收集和固定证据，及时采取保全措施，防止不可修复的损害扩大等。加强与相关行政主管部门协调沟通和良性互动，发挥各职能部门专业优势，联合开展生态环境安全隐患排查。在办理各类生态环境案件的过程中，及时通报发现的安全隐患。不定期共同研判涉生态环境资源案件的总体形势、规律特点和发展趋势等，会商预防对策，有针对性地加强生态环境保护力度。2020 年以来，与区检察院、公安局、自然资源局等部门联合开展联席会议、普法宣传、联合巡查、修复回访等多形式的生态保护工作，共开展木兰溪入海口联合巡航 3 次、增殖放流 3 次、补植复绿回访 4 次。

（3）积极参与诉源治理。涵江区法院树立能动司法理念，主动延伸审判职能，对案件审理过程中发现生态环境治理存在的问题及时发声，并向有关主管部门提出改进工作、完善治理的建议，发挥司法建议为社会综合治理“把脉开方”的作用。2022 年 3 月，涵江区法院与审计局共同向林业主管部门发出《生态保护建议书》，获得“全省法院十大精品司法建议”，也是全市法院系统唯一入选“精品工程”的项目。2024 年 3 月，莆田市生态环境局分管领导一行 3 人到涵江区法院交流，通过现场座谈和书面回函方式，对涵江区法院提出的关于加强工业固体废物环境管理相关司法建议反馈落实情况。

（五）搭建多元平台，立体守护“生态绿”

良好的生态环境是最普惠的民生福祉。涵江区法院坚持宣传工作与审判工作同部署、同推动，充分运用多种传播手段，加强与检察、生态环境等部门的配合，有效提升社会公众的环保意识。

（1）全市基地数量之最。2020 年以来，涵江区法院相继在江口镇东大村建立生态环境示范教育基地，在荻芦镇崇福村建立生态宣传教育基地，在江口镇东大村建立全市首个木兰溪流域（涵江段）生态保护法治实践基地，在江口镇蒜溪沿岸设立古村落司法保护宣传基地，在夹深草堂挂牌成立夹深草堂生态司法文物保护教育实践基地。随着木兰溪入海口“蓝色海湾”整治行动的推进，2023 年 6 月，在三江口镇建立蓝色海湾·木兰溪流域（暨入海口）生态司法保护实践基地，这是全省首个在木兰溪入海口设立的生态司法保护实践基地，也是全市首个综合性的生态司法保护实践基地。2023 年 8 月，在涵江区双福村设立全市首个古荔枝树资源集中地“古荔古厝”生态司法保护示范基地。目前，涵江区法院已逐步构建起水生态、林业生态、田生态、海洋生态、文物古厝、生物多样性等全方位、立体性的生态司法保护体系，织密起一张木兰溪流域生态环境和自然资源的司法安全防护网。

（2）全市首个碳汇林基地。2024 年 4 月 22 日，涵江区法院联合区检察院、区公安分局、区自然资源局在荻芦镇崇联村举行“生态司法保护碳汇林”揭牌仪式。“碳汇林”主要针对现阶段无法或无须进行原地补植复绿的案件，以“碳汇林”作为定点异地补植复绿场所，责令负有生态环境修复义务的当事人从事修复劳动，缴纳生态修复金或惩罚性赔偿金，聘请林业专业机构代为补植复绿，并为碳汇认购生态修复提供平台。各协作单位共同签署《关于生态司法保护碳汇林建设的若干意见》，该文件明确了以碳汇林为载体的“补植复绿”“管护林木”“缴纳修复金”“劳务代偿”等多种生态修复方式，以及协作单位在办理生态环境案件中要发挥碳汇林对修复生态环境的作用，建设管理碳汇林的联动协作机制等。

（3）加强宣传引导。充分运用直播云平台直播重大案件庭审，邀请人大代表、政协委员以及相关企业和公众代表旁听，并通过微信公众号及时发布生态环境审判信息，充分保障社会公众知情权。制作生态环境审判宣传片《坚守》，定期召开新闻发布会，公布涉生态环境类案件工作的有关情况及相关典型案例。通过典型案例的规范、指导、评价、引领功能，普及生态保护法律知识，形成良好的社会警示效应。同时，紧扣世界地球日、世界环境日、全国生态日等重要时间节点，加大木兰溪流域生态环境保护的法治宣传力度，通过开展法院开放日、旁听典型案件庭审、开展巡回法庭、环保法治课、举办生态环保手工大赛等活动，进一步提升全社会生态保护意识、绿色环保理念，引导群众主动参与到木兰溪母亲河的行动中来。

三、经验启示

面对生态司法新形势、新任务、新挑战，涵江区法院主动服务美丽莆田建设大局，立足实际，将审判与服务相融合、保护与修复相整合，生态司法保护工作取得了良好的社会效果。接下来，涵江区法院将继续深化生态审判司法品牌建设，拓展思路、抓准定位、聚合力量、积极探索，大力构建生态司法保护的涵江样本，努力开展生态司法保护的有效实践。

（1）加强专业化建设。继续加强“五位一体”专业化体系建设，培育专业化审判团队；创新生态环境审判执行方式，实行“专家助审”模式，引入技术调查官作为审判辅助人员，全流程参与诉讼活动的各个环节，破解生态环境案件专业技术性强、生态环境司法修复监督难等问题。

（2）提升科学化实践。完善生态修复、公益诉讼、便民诉讼、多元化解、联动保护、司法建议、以案释法机制，大力推进修复性、公益性、便民性生态司法，立足不同环境要素的修复需求，探索科学的生态修复方式。同时继续加强与行政机关、司法部门的联系，落实环境司法、执法联动工作机制，在现有的生态教育实践基地基础上，继续探索、挖掘恢复性生态司法保护方式，不断巩固基地的工作成果。

（3）着力创新机制建设。创新“生态＋执行”机制，积极探索异地修复、替代修复、代履行、第三方监督、执行回访等制度，推动责任落实到位。积极探索“生态司法＋碳汇补偿”机制，通过法院引导，以被告人自愿认购“碳汇”的方式替代修复受损的生态环境，有效修复被破坏的生态资源环境，推进“双碳”目标实现；继续完善“司法＋审计”的工作机制，推动在自然资源资产保护工作中的应用，尤其是生态修复金的管理和使用问题，确保环境资源案件判决项下的修复资金真正用于生态环境，有效地维护人民群众的环境权益。

（4）加强网络化宣传。不断拓宽渠道，在宣传形式上实现新突破，筛选有典型意义的涉生态环境案件，积极运用法院的官方网站、公众号、官方微博、微电影等信息化手段发布典型案例及最新的法律法规、司法解释，将生态执法办案理念成效通过喜闻乐见的方式在群众中传播，形成全社会崇尚生态文明、共建共享美丽莆田的良好氛围。

“警察蓝”守护“生态绿”
涵江模式

【摘　要】 近年来，莆田市公安局涵江分局深入践行“绿水青山就是金山银山”理念，充分利用山海相望的独特优势，探索创新守护绿水青山碧海的“涵江模式”，坚持高位统筹，以联勤联动为抓手，以创新“司法＋执法”形式为牵引，扩大宣传防范氛围，助推辖区水生态环境持续改善。

【关键词】 河长　警长　司法协作

【引　言】 莆田市公安局涵江分局认真贯彻落实习近平法治思想、习近平生态文明思想，按照“专业＋机制＋大数据”新型警务运行模式，从河湖警长工作机制，到“守护木兰溪”生态司法协作机制建立，立足山海相望独特优势，探索出守护绿水青山碧海的“涵江模式”，为“打造现代产业强区、建设生态宜居涵江”铸就平安绿盾。

一、背景情况

涵江区拥有海岸线长 27.64km，有天然良港——三江口港，境内三溪交汇，木兰溪、延寿溪、萩芦溪均在此入海，干流总长 65.8km。公安机关以河湖长制为抓手，推行河湖警长制，强化使命担当，落实综合施策，护航山河净、湖海清、岸线稳、生态美，积极为实现一河清水绵延后世、惠泽人民贡献公安力量。

二、主要做法和取得成效

（一）高位统筹，加强组织部署

（1）高度重视、建强组织。明确河湖警长工作为一把手工程。按照“策应河（湖）长、属地管辖、分段设立、逐级负责”的原则，建立由分管局领导担任区域流域警长，河道流经地派出所所长任河（湖）警段长，社区民警任河（湖）警员的三级组织架构。成立河湖警长工作办公室，挂靠分局治安大队，全区12家派出所设立河（湖）警段长12名、河（湖）段警员37名，实现河湖分级分段管护治理全覆盖。

（2）明确职责、全力推动。充分发挥河湖警长职能，把加强木兰溪流域保护纳入全区公安工作重点内容，制定《莆田市涵江区全面推行河湖警长制工作实施方案》等文件，成立全区河道警长工作领导小组，定期召开专题会议，深化实地调研，明确工作方向，细化责任分工。依托治安、海防、森林大队警务融合组建河湖警长制工作专班，下设协调保障、执法打击、综合整治、舆论宣传四个工作组，定人、定岗、定责。

（3）完善机制、协商联动。主动对接区政府办公室、河长制办公室、检察院、法院及水利、生态环境、住建、城管等职能部门和各镇街，完善情报互通、联席会商、联合巡查、案件移交机制，构建矛盾纠纷联调、涉稳因素联处、治安隐患联防、水生态环境联治的联防联控“一体化”格局。健全行政执法与刑事司法衔接，规范涉水违法犯罪认定和法律法规适用标准。

（二）联勤联动，夯实基础治理。

（1）推动“网格＋警格”融合。将管辖河道划分成37块网格，全面摸清“人、林、野、火、企”涉林五要素和“人、船、场、企”涉海四要素底数，采集涉林要素1077条，涉海要素信息416条，辖区水域基础要素全面见底。整合54个河道管理员、656个民间河长，成立6支“生态义警”巡逻服务队，涉海村居12支沿海巡防队伍参与，延伸情报信息触角，实现水陆环闭覆盖，以小网格编织大平安。在河湖警段员的指挥带领下，各网格累计收集有价值情报线索8条，协助破案4起，发现整改安全隐患30处。

（2）构建“人巡＋机巡”护河。落实警段员、警务助理、网格员每日巡河机制，会同海事、海警、自然资源、水利等部门定期开展联合海巡，依托警用无人机巡航监测，分局“情指行”一体化实战中心及各派出所综合指挥室依托全区电子监控实时开展视频巡查，有效建立“人巡＋机巡＋船巡＋视频巡”四维一体河湖巡逻机制。

（3）建立“日常＋专项”行动。坚持日常管理与专项行动相结合，全面普查与重点检查相结合，深入巡查调研，发挥打击职能。日常中，协助河湖长履行职责，全面开展“六清”行动，做好不稳定信息的收集、掌握，完善应急预案，及时应对涉水突发事件，广泛开展法制宣传工作，切实维护河湖的治安秩序。专项中，组织开展“昆仑行动”“清水蓝天”等打击整治行动，严打非法采砂、非法捕捞、乱排、乱占、乱采、乱建“四乱”、成品油走私等涉河海违法犯罪行为。对重点案件，特别是涉嫌组织化、团伙化的犯罪案件线索，开展专案经营、深度挖掘。2022 年以来，共承办行刑衔接案件 4 起，破获涉水案件 23 起，完成水产养殖整治 20 场，组织清理禁用渔具 152 套，清理非法堆砂场面积 4.10 公顷。

（三）探索创新，延伸执法效能

（1）创新“司法＋执法”形式。以提升部门合力为总基调，分局联合区人民法院、区人民检察院、莆田海警局涵江工作站、区自然资源局和区三江口海事处建立全区守护木兰溪生态司法协作机制，实现协同预防、快查快办，确保一旦掌握可靠线索，兄弟部门间秒级响应，互相配合，实现一处发案、多方联动的良好格局。

（2）深化司法衔接。深化公检法共同参与河湖长制、林长制工作，大力推动生态环境审判，全面推行“快速立案、快速审查、快速审判”，涉生态资源违法犯罪案件“刑事速裁”，力争实现“木兰溪流域治理＋两岸生态修复”目标，共绘木兰溪流域司法保护“同心圆”。协议签订以来，推进涉生态环境资源案件“刑事速裁”7 件，严守生态保护红线。

（3）探索生态修复。秉承“绿色原则”，落实生态环境损害的惩罚性赔偿制度，公检法、海警等部门主动研讨协商，通过增殖放流、补植复绿、缴纳修复费用等生态修复方式与认罪认罚从宽制度相结合等方式，实现惩治犯罪和修复生态双赢，提升河湖治理保护能力。2022 年以来，督促开展补植复绿 13 亩，增殖放流 100 万尾，救助野生动物 52 只，生态修复金账户累计收取生态修复金 107 万元，大力恢复陆域、水域、海域生态，全面保护涵城生态最美底色。

（四）扩大宣传，营造共建氛围

（1）筑牢站点阵地。推进“机制＋站点”落地，成立三江口港生态警务联勤工作站，联合多部门建立白塘镇“古荔古厝”生态司法保护示范基地、三江口镇蓝色海湾·木兰溪流域（暨入海口）生态司法保护实践基地和木兰溪口湿地红树林保护区等实践点，形成具有涵江特色的“一木一河一海”的生态保护实践基地矩阵，不断推动充实新型生态警务“涵江模式”内涵和外延。

（2）加强警媒协作。深度融入区委区政府提出的“五色文旅”发展大局，邀请各级媒体随警作战，推介“守护木兰溪”生态司法协作机制等创新举措，全面采写报道“河长＋警长”等执法司法协作、打击整治等日常河湖警长警务工作，全方位展示涵江公安坚持生态文明建设、落实高质量发展举措。

（3）丰富宣讲队伍。依托生态保护实践基地矩阵，发动“护鸟义警队”、沿海巡防队伍以及分局“涵小警”未成年人保护机制成立的科普小小志愿服务队，深入开展生态保护、爱河护河等巡逻宣防工作，营造山间有警、河畔有警、海面有警，生态美景、全民爱景的良好生态保护氛围。

三、经验启示

公安机关要主动融入水环境综合治理工作，协助河湖长履职尽责，为维护河湖健康生命保驾护航；公安机关更要立足职能，落实河湖警长，管住基础要素，严打涉河涉海涉水违法犯罪，推动涉海涉水执法、防治、保护等各项举措落地见效，构建起守护幸福河湖的法治防线。

第七章　公众参与

莆田市“153”工作法激发“巾帼情”护水新活力

【摘　要】 近年来，莆田市妇女联合会认真践行习近平总书记治理木兰溪的重要理念，以实施“走进木兰溪，保护母亲河”参与木兰溪全流域系统治理巾帼行动为主线，打造“巾帼林”“巾帼驿站”，援建“爱心食堂”“儿童之家”等项目，引领全市广大妇女和家庭成员主动参与木兰溪生态文明建设。2023 年，莆田市妇女联合会与市河长制办公室、市水利局联合制定出台莆田市“巾帼情”木兰护水系列行动方案，成立 54 支“木兰姐姐”护河宣讲分队，以妇女联合会主席为队长，吸纳最美家庭、巾帼文明岗、三八红旗手、巾帼志愿者及当地热心妇女群众等 600 多名加入队伍，开展日常宣讲、巡河、护河、督河等活动，讲好木兰溪故事、讲好莆田故事；同时积极探索“掌上治水”模式，在莆田市河长综合管理平台中，开设“巾帼护河”专栏，其中 487 名木兰姐姐担任“巾帼河长”，统一配设巡河服务账号，及时上报巡河护河发现的问题，为建设绿色高质量发展先行市贡献巾帼力量。

【关键词】 木兰护水　巾帼河长　巡河护河

【引　言】 木兰溪是莆田人民的母亲河。习近平总书记在福建工作期间亲自擘画和推动木兰溪生态治理，指引推动木兰溪“变害为利、造福人民”，成为全国第一条全流域系统治理的河流。习近平总书记治理木兰溪的重要理念，给莆田人民留下了弥足珍贵的思想财富、精神财富和实践成果。

一、背景情况

莆田市妇女联合会以深入开展学习贯彻习近平新时代中国特色社会主义思想主题教育为契机，坚持主题教育和妇女联合会工作深度融合、同向发力、互促共进，持续发挥妇女联合会组织优势和妇女独特作用。

近年来，莆田市委、市政府提出要以木兰溪综合治理为总抓手，市妇女联合会积极发挥组织优势，主动融入建设绿色高质量发展先行市的生动实践，积极参与木兰溪治理的新篇章，聚焦木兰溪治理成果，与市河长制办公室、市水利局联合探索“巾帼情”木兰护水项目，组织各级巾帼志愿者主动参与木兰溪管护，以爱河、护河、巡河、督河、讲河为主要内容，通过政策宣传、志愿巡河、义务监督、建言献策等系列活动，讲好木兰溪故事，带领广大妇女共同守护好莆田的蓝天绿水、青山净土，让家门口的“绿色获得感”更多、“生活幸福感成色”更足，为助力绿色发展、共绘幸福生态新画卷着墨添彩。

二、主要做法

市妇女联合会坚持以党的建设为统领，聚力“一五三”工作体系，打造“巾帼情”志愿服务品牌，为建设绿色高质量发展先行市贡献巾帼力量。

（一）出台一套方案，强化源头保障

市妇女联合会充分发挥“联”字优势，加强与部门资源整合，与市河长制办公室、市水利局联合出台《莆田市“巾帼情”木兰护水系列行动工作方案（试行）》，按照总目标、具体举措、考核指标指导基层开展工作。通过组建队伍、组织培训、监督评价、宣传引导、专项行动等五个方面，让巡河上“图”，护河上“网”，线上线下相结合开展保护母亲河系列行动，努力形成各级河长制办公室、妇女联合会分工合作、齐抓共管共护的格局。

（二）聚焦五个方面，落实护水举措

建队伍、开专栏、广培训、延触角，充分发挥“她力量”，组织动员全市广大妇女参与幸福河湖建设。一是组建队伍。以县区为单位，成立“木兰姐姐”护河宣讲队 7 支；以镇街为单元，建立“木兰姐姐”护河宣讲分队 54 支，以妇女联合会主席为队长，吸纳最美家庭、巾帼文明岗、三八红旗手、巾帼志愿者及当地热心妇女群众等600 多人加入队伍。二是组织培训。指导各县（区）妇女联合会联合县（区）河长制办公室联合开展巡河移动客户端使用专题培训班 7 次，为“木兰姐姐”如何巡河上“图”提供详细指导。三是监督评价。设置莆田市“巾帼情”木兰护水工作实绩考核指标及评分标准，从有组织、有措施、有登记、有记录、有活动等五个方面推动本行动有序有效开展。四是宣传引导。依托“莆田

莆田市举行“巾帼心向党、志愿暖春行”学雷锋志愿服务活动
（图片来源：莆田市妇女联合会）

妇联”微信公众号等，开设“巾帼志愿+”栏目，专题报道各支“木兰姐姐”开展木兰护水情况，宣传护水举措，引导广大家庭积极参与保护母亲河。五是专项行动。创新巾帼“掌上治水”新模式，通过组织开展护水志愿服务、巡河志愿服务、垃圾分类专项行动，宣讲治水故事、传播治水理念、普及治水知识等，为接续治理木兰溪贡献巾帼力量。

莆田市妇女联合会、市河长制办公室、市水利局联合开展
“木兰姐姐”护水宣讲能力提升实践活动
（图片来源：莆田市妇女联合会）

（三）“三员”同心助力，守护河清岸绿

市妇女联合会积极探索“掌上治水”，联合市河长制办公室在莆田市河长综合管理平台中，开设“巾帼护河”专栏，其中487名木兰姐姐本着就近原则选择担任某段一段河湖、溪、河段或一段海湖“巾帼河长”，统一配设巡河服务账号，及时解决巡河护河发现的问题。一是当好木兰溪故事的宣讲员。强化部门协同配合，密切联系市河长制办公室、市水利局等部门，开展专项工作推进会、“木兰姐姐”护水宣讲能力提升实践活动等，54支“木兰姐姐”分队代表通过专题学习、交流研讨、现场教学、护河实践等方式，讲好木兰溪故事，提高思想认同，提升宣讲水平。各级宣讲队带头融入木兰溪全流域系统治理工作，把“木兰讲堂”开到青山绿水旁、田间地头，深入村社区、店铺、企业等，发放护水倡议书、宣传折页，普及河湖长知识，截至2024年7月，已开展宣讲宣传活动100多场。二是担好河湖管护的守卫员。组织县（区）妇女联合会联合县（区）河长制办公室指导巾帼护河宣讲队制定活动计划和巡河计划，按照属地河流归属，发挥巾帼河长监督作用，开展每周一次巡河活动、每月一次护河活动，清理河道周边垃圾。开展巡

莆田市妇女联合会、市河长制办公室、市水利局联合开展
“木兰姐姐”护水宣讲能力提升实践活动
（图片来源：莆田市妇女联合会）

河活动期间，发现相关问题及时拍照并上传到莆田市智慧河长综合管理平台，截至2024年7月，已开展网上巡河800次，开展线下巾帼志愿活动900多次。三是争做保护母亲河的实践员。紧紧围绕建设绿色高质量发展先行市目标，深化“乡村振兴巾帼行动”，目前已推动建立2400户市级美丽庭院，引导广大农村妇女积极参与环保宣传、清洁家园、农村生活垃圾治理、污水治理行动。开展“垃圾分类、家家时尚”巾帼志愿服务专项行动，投入专项资金30万元，充分发挥全市25名巾帼环保讲师、1万多名巾帼志愿者的作用，通过开展健步走、亲子活动、互动游戏、演艺节目等方式，宣传引导广大妇女及其家庭成员自觉参与绿色发展、绿色生产、绿色生活，切实用实际行动保护母亲河。

三、经验启示

“生态兴则文明兴，生态衰则文明衰。”河畅、水清、岸绿、景美，不仅是木兰溪沿岸百姓的奋斗目标，更是每一个中国人内心的真切渴望。习近平总书记治理木兰溪的重要理念，是莆田人民参与木兰溪治理最为宝贵的资源、最为独特的优势，也是必须深入学习、深入把握、全面落实的重要内容。莆田市各级妇女联合会组织主动发挥群团职能作用，准确把握切入点和着力点，把初心镌刻在源头大地上，用心用情守护母亲河木兰溪碧水安澜。

（1）巾帼护河机制日益完善。巾帼护河行动注重凝聚合力，通过联动市河长制办公室、市水利局有关部门，出台《莆田市“巾帼情”木兰护水系列行动工作方案（试行）》文件，明确队伍组建、运行机制、职责任务等，让巾帼助力护河从一盘散沙到聚沙成塔，让巾帼力量切实发挥作用，助力生态文明建设。

（2）保护木兰溪思想认同形成。木兰溪的美丽蝶变来之不易，受惠的是莆田人民，各级妇女联合会以强烈的政治责任感，努力引导广大女性和家庭投身保护木兰溪行动。巾帼护河行动通过线上线下结合及多样化的宣传活动形式，内化于心、外化于行，让习近平总书记治理木兰溪的重要理念接续传承，让木兰溪治水故事深入人心，让参加巾帼护河成为绿色生活“新时尚”。

（3）生活环境进一步优化。市妇女联合会一方面实施创建美丽庭院、“垃圾分类、家家时尚”等专项行动，引导广大家庭做好自家的“一亩三分地”，让家家“小美”扮靓“大家”。另一方面实施“巾帼情”木兰治水行动，凝聚各级巾帼力量开展保护母亲河美丽行动，让打造青山常在、碧水长流、空气长新的美好家园成为共识。

四、推广运用

（1）典型介绍。2023 年 6 月 11—15 日，第二期全国地市妇女联合会主席培训班在北京举办。培训期间，全国妇女联合会组织召开“网上妇女联合会建设”座谈交流会，莆田市妇女联合会主要领导作为福建唯一代表在会上作题为《为“妇女联合会网”插上腾飞的翅膀》的经验做法分享发言。2023 年福建省水利厅开展河湖长制业务工作培训班，在全省交流会上，涵江区水利局在会上交流介绍涵江区妇女联合会“巾帼情”木兰治水做法。2023 年全省妇女联合会系统意识形态工作暨巾帼志愿服务骨干培训班上，莆田市妇女联合会作“巾帼情”木兰治水做法典型发言。

（2）媒体宣传。项目自实施以来受到很多媒体关注和报道，全国妇女联合会女性之声、中国水利报、福建日报、福建新闻联播等多家媒体及其平台均对木兰护河做法进行了报道。2024 年，此项工作受到福建省水利厅充分肯定，专题拍摄相关视频在福建电视台经济生活频道、海博 TV、“这就是福建”视频号推广，形成了良好的社会舆论氛围。

公众参与河湖管护的“北岸经验”

【摘　要】随着中国特色社会主义进入新时代，我国社会主要矛盾已经转化为人民日益增长的美好生活需要和不平衡不充分的发展之间的矛盾，在工业化、城镇化的不断推进下，北岸经开区污水乱排、河湖黑臭、湿地减少等乱象层出不穷，2017 年以来，北岸经开区在党中央号召下全面推行河长制。

河长制的推行需要公众参与，北岸经开区通过积极评选民间河长，在强化专业基层河湖管理队伍的基础上，大力培育民间护河队伍；坚持“支部引领、党员代替、群众参与”的共治理念，积极开展各样护河活动，有效增强了公众河湖管护和水生态保护意识；积极开展宣传活动，不断增强公众对河湖保护的责任意识和参与意识，营造全社会关爱河湖、保护河湖的良好氛围。

【关键词】公众参与　河长制　幸福河湖

【引　言】幸福河湖的建设需要公众的积极参与，在这个过程中必须增强公众参与意识，通过树立典型，形成比学赶超的公众参与良好氛围，激发公众参与活力；必须积极听取群众意见，围绕群众最关心、最迫切需要解决的问题开展工作，既能更好地推进河长制各项任务落地生根，也能有效促进社会治理水平提升；必须畅通群众监督渠道，从而有效地发现并促进涉河湖问题解决，提高工作效率；必须规范公众参与方式，确保民间河长依规履职，积极参与，勇于负责，切实成为推进河长制工作取得实效的重要力量。

一、背景情况

湄洲湾北岸经济开发区（以下简称经开区）陆域面积 $120km^2$，位于闽东南沿海中部要冲，是海上运输航线的重要枢纽。在工业化城镇化高速发展时期，辖区内化工企业、火电厂工业污水以及居民生活污水乱排导致河湖黑臭、湿地减少等乱象层出不穷。

由于北岸经开区地处忠门半岛，水资源缺乏，无源头来水，各条沟渠较短，水体循环不足，水质难以得到有效提升，这是制约河长制最突出的问题。为了有效解决北岸河道“先天不足”的问题，经开区强化工作重点，补足弱项，自2017年全面推行河长制以来，经开区在常态化巡河、管河、治河的基础上，突出实施全域农村污水收集治理工程、全域造林绿化工程和蓝色海湾整治行动项目等一批生态修复建设项目，水环境综合治理取得初步成效，辖区内14条排洪沟（渠）总长16.267km，已全部列入河长制管理范畴。在这过程中，经开区通过完善机制、全员发动、严格督查、全面整改、全域系统化治理等工作措施，促进河道常态化管理，不断提升河道环境，初步实现“河畅、水清、岸绿、景美”的目标。

二、主要做法

（一）积极评选民间河长

为深入贯彻习近平生态文明思想、习近平总书记治理木兰溪的重要理念、建设造福人民的幸福河的伟大号召，一以贯之强化河湖长制工作，建设“美丽北岸”幸福河湖，北岸经开区在强化专业基层河湖管理队伍的基础上，大力培育民间护河队伍。“民间河长”包括党员河长、企业河长、网络河长、乡愁河长、校园河长、巾帼河长、“河小禹”、老人河长、社会志愿者等类型。

通过推荐一批河湖长制工作突出贡献集体、个人和优秀河湖长、民间河长，北岸经开区激励各级河湖长和广大河湖管理保护干部职工不忘初心、牢记使命，锐意进取、履职尽责，激发民间河长爱河护河，引领全社会积极参与河湖管理保护，全力打造人与自然和谐共生的生态河、智慧河、幸福河。

（二）积极开展护河活动

凝心聚力践真章，真抓实干促成效。自河长制工作开展以来，北岸经开区坚持“支部引领、党员代替、群众参与”的共治理念，指导38个村（社区）修订村规民约，将爱河、护河列入村民行为规范，积极引导群众不乱倒垃圾、不乱排污水。同时，大力宣传保护河道生态环境的先进经验和先进个人，及时曝光各类涉水违法违规行为，提高公众的生态环保意识。各村居还成立河道卫生义务督导队，不定期开展河道环境督导检查，劝阻不文明行为，形成全社会共同关心流域保护和水环境整治的良好氛围。

“河小禹”护河队（图片来源：北岸农业农村局）

为发挥青少年和社会公众在河湖管理保护中的生力军和突击队作用，北岸经开区着力推进河湖治理体系和治理能力现代化，全力建设造福人民的幸福河湖。积极开展“保护母亲河争当‘河小禹’”活动，并将“河小禹”工作纳入河湖长制工作部署，加强统一调度和集中行动，形成整体合力和良好工作态势。立足学校实际，组织举行一系列灵活多样、生动活泼的保护母亲河专题活动，让广大师生在积极参与中接受熏陶和锻炼，增强河湖管护和水生态保护意识。

2023 年 4 月 29 日，一支巾帼党员先锋队让人眼前一亮，这是山亭镇河长制办公室组织镇妇女联合会巾帼志愿者、利山社区村干部在庄山排洪沟开展河道集中清理整治行动。在活动现场，镇村干部、志愿者发扬不怕脏不怕累、团结协作的精神，有的拿着铁铲奋力清理河底的淤泥，有的挥舞着扫把清理河岸乱堆放的垃圾，有的紧握锄头清除杂草，艳阳高照下，他们劳动的热情丝毫不减。据统计，本次专项行动累计出动人力 50 余人次，机械车辆 16 台次，清理河底淤泥约 200m^3，清除河岸垃圾约 120m^3，完成河道清理整治 2km。

如今，北岸辖区安柄小学组建了爱河护河志愿者服务队，定期开展“小手护河”活动；妈祖公益志愿者服务队参与河道监督管理和保洁保畅工作；忠门镇组织群众和学生 200 多人，举办“爱我家乡河，有你他和我”系列大型公益活动，提高群众自觉保护环境意识，共同参与爱河、

山亭镇巾帼党员先锋队（图片来源：北岸农业农村局）

护河行动；经开区聘请3名社会义务监督员参与监督河长制工作……逐步形成了万众爱河、全民参与的新局面。

（三）积极开展宣传活动

北岸经开区充分认识宣传工作对全面实施河长制湖长制的正向引导作用，并积极做好全面推行河长制湖长制工作的宣传教育和舆论引导。及时跟踪工作热点、发现工作亮点、关注工作重点、聚焦工作难点，大力宣传河长制湖长制工作中的新思路、新举措、新进展、新成效。充分利用报刊、广播、电视、网络、微信、微博等各种媒体和传播手段，特别是注重运用群众喜闻乐见、易于接受的方式，广泛开展宣传，不断增强公众对河湖保护的责任意识和参与意识，营造全社会关爱河湖、保护河湖的良好氛围。

区河长制办公室积极利用“世界水日”“中国水周”活动契机，通过发放宣传册，布设展板、条幅等形式，在街道、乡村、企业、学校广泛宣传河湖管理工作推进情况和成效。把实施河长制的重大意义及河长制工作的基本原则、工作目标、工作任务等，宣传到街道、乡村、企业、校园。下一步，还将开展河长制常态化宣传活动，让爱水护水观念深入人心，引导广大农村群众养成良好的生活习惯，提升企业合理利用与节

节水宣传现场（图片来源：北岸农业农村局）

约水资源的意识，增强中小学生河湖保护意识，奋力描绘全市河畅、水清、岸绿、景美新画卷。

三、经验启示

（1）完善公众参与机制，必须增强公众参与意识。利用各种媒体加强对全面推行河长制的宣传，采用征文比赛、知识竞赛、文艺演出、主题展览等宣传形式，提高群众对河长制的认知与理解。通过集中整治等方式，切实解决群众最关心的河湖问题，让老百姓切身感受到河湖治理前后生产生活环境变化，提高公众参与的积极性。通过树立典型，形成比学赶超的公众参与良好氛围，激发公众参与活力。

（2）完善公众参与机制，必须积极听取群众意见。良好生态环境是最公平的公共产品，是最普惠的民生福祉。当前，我国社会的主要矛盾已发生转化，群众对身边生态环境的质量更为关注，在河湖污染防治、水资源保护及生态修复等方面，表现出更强烈的参与意愿和积极性。公众参与在权力关系中具有直接传递其利益诉求信息的功能，引导和鼓励公众参与全面推行河长制工作，听取群众对河湖生态环境方面的需求和相关建议，围绕群众最关心、最迫切需要解决的问题开展工作，既能更好地推进河长制各项任务落地生根，也能有效促进社会治理水平提升。

（3）完善公众参与机制，必须畅通群众监督渠道。监督是公众参与社会治理最典型的内容。在涉及群众切身利益的各种活动中，都强调了公众监督的重要性。关于全面推行河长制的意见明确要求，要建立河湖管理保护信息发布平台，通过主要媒体向社会公布河长名单，接受社会监督。广泛的公众监督能更有效地发现并促进涉河湖问题解决，提高工作效率。

（4）完善公众参与机制，必须规范公众参与方式。明确公众参与全面推行河长制工作的原则与总体要求，规范公众参与流程和主要内容，引导公众积极有序参与，提高工作效能。针对工作中的具体事项，明确公众参与方式，建立相关制度，既要充分发挥公众的积极性，集民智民力，又要做好统筹协调，形成工作合力。目前，各地的民间河长类型多样，应结合当地实际，制定章程，规定民间河长的选任程序、职权职责、履职保障、议事程序等，确保民间河长名正言顺地依规履职，积极参与，勇于负责，使其切实成为推进河长制工作取得实效的重要力量。

莆田学院"红绿蓝"三色交融
绘就幸福木兰画卷

【摘　要】加强生态文明教育，青少年是重点。木兰溪治理是习近平生态文明思想在福建的先行探索。近年来，莆田学院环境与生物工程学院第五党支部一直致力于面向青少年开展生态文明教育。在党建引领下，支部党员化身校园河长在自身先学先会的基础上，利用木兰溪资源，开展"木兰薪火"生态研学活动，通过寓教于乐的方式将生态文明的种子播撒进青少年的心田，切实走好"党建红"引领"生态绿"的传承之路。

【关键词】生态研学　校园河长　党建红　生态绿　公益蓝

【引　言】植绿护绿、关爱自然，是中华民族的传统美德。莆田全市上下抓好国土绿化和生态文明建设各项工作，让锦绣河山造福人民。

一、背景情况

木兰溪是莆田人民的母亲河。它肩挑山海，自历史深处走来，又手挽风云，向时代潮头奔去，它流传着与水抗争的千载故事，也颂扬着科学治水的当代传奇。历史上，木兰溪水患频发，老百姓谈溪色变。1999 年，在闽工作的习近平同志有感于木兰溪水患给莆田群众带来的深重灾害，亲自擘画和推动，木兰溪治理自此擂响战鼓。莆田市委、市政府经过 25 年的接续治理，使木兰溪实现了从曾经的洪水肆虐到如今的安澜清波的蝶变，也见证了一座城市、一个流域在中国共产党领导下的沧桑巨变。

木兰溪治理是习近平生态文明思想在福建的先行探索。因此，木兰溪蕴藏着丰富的生态文明教育资源，是存在于青山绿水间的生态文明教育大课堂。用好木兰溪生态人文资源，以党建为引领，引导青年大学生做习近平生态文明思想的践行者和传播者，编撰一套针对少年儿童需求和特点的研学课程，通过开展形式多样的生态研学活动帮助少年儿童更深刻地理解习近平总书记治理木兰溪的重要理念，具有重大的现实意义。

二、主要做法

近年来，莆田学院环境与生物工程学院第五党支部一直致力于培育一批又红又专的校园河长，通过利用木兰溪资源，开展“木兰薪火”生态研学活动，面向少年儿童开展生态文明教育，以行走的生态大课堂的形式让生态文明的种子在少年儿童的心中生根萌芽。

（一）“党建红”培铸领头雁

通过“党建＋生态”育人的方式，将学习习近平生态文明思想作为支部党建的重要内容，落实“四个学”，培育一批又红又专的“校园河长”。把党员培训班办到基地，导学。深入木兰溪治理展示馆、木兰溪源头等教育基地邀请莆田学院马克思主义学院副教授、木兰溪治理展示馆讲解员、莆田市城厢区人民法院行政庭庭长等专家、教授及行业先锋开展培训 20 余场。把党课搬上网络，讲学。录制《青述木兰》系列党建微课 4 期。举办“最美家乡河”直播活动 3 场，通过抖音等新媒体平台宣讲木兰溪治水故事；围绕《木兰溪治理——追寻人水和谐共生的生态范本》《推进生态文明 建设美丽中国》等书籍举办读书分享会 8 场。把党建平台搭进绿水青山间，研学。围绕水质保护、植被保护等主题开展调研活动 23 次；组织支部党员围绕“党建引领下的木兰溪治理”“木兰溪治理过程中的人民观”等话题开展专题研讨 8 场。把党员活动融入第二课堂，践学。实施校园河长制，开展“三护”系列活动，即“护水”“护绿”“护文明”，组织支部党员分时段，分批次通过开展木兰溪水质检测、植被保护、垃圾分类宣传等活动学知识、长才干。

木兰溪治理展示馆（图片来源：莆田市水利局）

（二）“生态绿”浸润研学路

将“绿色”作为底色精选研学主题。宣教类教程以学习宣传习近平生态文明思想、马克思主义科学自然观为主要内容，旨在传播绿色思想；应用类教程以垃圾分类、节能减排、污水治理等为主要主题，旨在普及绿色知识；实践类教程以认识和保护木兰溪山水林田湖草沙为主要目标，旨在倡导绿色行动。将实效性作为目标设计研学形式。以“一滴水的旅行”为题演绎式讲述水环境保护；以“鸟窝的制作”互动式沉浸式手工课程，寓教于乐，引导学生保护鸟类。讲述水患灾害时，面对中学生，通过介绍木兰溪地势特征、周边环境，分析水患灾害的严重性；面对小学生，则从“蒲草”的故事、木桶的故事等民间故事，讲述水患灾害对人民群众生命财产安全造成的威胁。面向不同学段少年儿童“量体裁衣”设计教程，实现了精准“滴灌”。

（三）“公益蓝”扮靓木兰溪

通过“党建＋志愿服务”形式，践行习近平生态文明思想。莆田学院环境与生物工程学院第五党支部的校园河长们，以象征水文化的蓝马甲为标志，“三步走”开展公益研学志愿服务活动，让党旗在木兰溪畔高高飘扬。支部推动，建立社会实践基地。充分发挥党组织在志愿服务中的核心作用，支部主动靠前，积极争取木兰溪防洪建设管理处支持，在木兰溪治理展示馆挂牌建立社会实践基地，让“木兰薪火”生态研学志愿服务活动“有场所”。党员带头，壮大志愿服务队伍。为了实现长效性，支部成立了一支党员先锋志愿服务队，落实“三个一”要求：志愿服务队一月至少开展生态研学志愿服务一次；每名党员一学期至少参与生态研学志愿服务一次；每名党员在校期间至少担任校园河长一年，负责组织策划生态研学相关活动。同时，在党员先锋志愿服务队的引领下，支部也吸引了学校一批青年大学生共同参与活动。制度保障，提升志愿服务质量。重视社会评价，以服务对象的满意度为考量，以争创先锋党员为目标实施评价机制，将支部党员开展生态研学志愿服务评价作为党员评优评奖重要考核指标。支部已开展生态研学志愿服务活动 50 余场，志愿服务时长达 1500 余小时，覆盖莆田市不同学段青少年近 2600 余人次。

三、经验启示

（一）一支硬核宣教队伍是生态研学活动向好发展的定盘星

打铁还需自身硬，要做好学习宣传贯彻习近平生态文明思想的传帮带工作，必须培育一支思想过硬、理论扎实和实践力强的先锋队。莆田学院环境与生物工程学院第五党支部培育了一支校园河长队伍，同时也打造了一支学习型生态文明宣教队。2017年团队获福建省“绿色小精灵”青少年环境教育项目优秀团队、福建省第二届母亲河奖绿色团队、福建省“河小禹”专项行动优秀团队、“莆田市五四青年奖章集体”等荣誉称号，2021年获“福建省五四青年奖章集体”荣誉称号及全国大学生“千校千项”团队风采奖。

（二）一套党政欢迎、学员喜爱的课程是研学活动取得实效的压舱石

好的研学课程，不仅要具备时代性，更要实现教育性。这就要求研学课程设计要充分遵循思政教育规律，遵循学生成长规律。莆田学院环境与生物工程学院第五党支部的校园河长们按照不同学龄段少年儿童的性格特征，知识储备量共设计了教案3套，活动设计课程18个，宣教稿件12个，课件5个，课程视频3个，相关艺术作品2个，已经形成一套生态研学课程体系。相关课件作品1个获第五届“全国高校网络教育优秀作品推选展示活动”优秀奖，1个获“坚定跟党走，奋进新时代”福建省高校思政微课大赛一等奖，1个获2018年福建省“河小禹”文学作品三等奖，1个获2021年“河小禹”文创设计作品大赛一等奖。

（三）一个良好的品牌是研学活动长效运行的助推器

研学活动有口碑，叫得响，才能有人气。为了打造叫得响的生态研学品牌，努力实现“两个好”，即大众反响好：发放活动评价表225份，在对研学效果整体满意度调查中，100%的被调查者表示满意，95%的被调查者表示研学课程设计感染力、吸引力好，98%的被调查者表示收获较好；媒体反响好：被中国教育报、福建日报、新福建、福建青年等多家媒体报道20余次；相关活动2019年入选大中专学生“三下乡”社会实

践“千校千项”成果遴选活动，2021 年获福建省第四届母亲河奖绿色项目奖。

校园河长面向少年儿童宣讲习近平生态文明思想
（图片来源：莆田学院）

校园河长面向少年儿童讲述木兰溪治水故事
（图片来源：莆田学院）

湄洲湾职业技术学院“三色河小禹”生态文明实践

【摘　要】为深入学习贯彻习近平生态文明思想，引领广大师生群众投身木兰溪生态文明建设实践，湄洲湾职业技术学院“河小禹”文明实践项目在八年的建设中，形成具有鲜明特色、师生传承的文化活动品牌。以大力倡导绿色环保为宗旨，紧密围绕保护莆田的母亲河木兰溪，全力宣传，汇聚青年力量，积极践行，开展生态保护，带动更多的青年师生踊跃投身建设生态莆田、文明莆田的实践，倡议城乡居民学习生态文明理念、树立环境保护意识，助力大美乡村建设，书写践行木兰溪治理理念的“高职样本”。

【关键词】三色河小禹　实践育人　“三化”志愿体系

【引　言】党的二十大报告指出，“中国式现代化是人与自然和谐共生的现代化”，明确了我国新时代生态文明建设的战略任务。学习贯彻习近平生态文明思想更是青年一代的使命与担当，也是新时代高校思想政治教育中生态文明教育的重要指引。湄洲湾职业技术学院化学工程系“河小禹”队伍深入贯彻习近平生态文明思想，学习习近平总书记治理木兰溪的重要理念，践行“人民至上、科学决策、生态优先、久久为功、实事求是、共建共享”的木兰溪治理精神，自2017年起，开展“河小禹”实践活动，发挥专业优势，借助课程特点，通过第一、二课堂搭建“河小禹”实践平台，连续八年积极组织学生开展实践，培养学生的社会责任感和奉献精神。

一、背景情况

木兰溪是福建省“五江一溪”重要河流之一，是莆田市的母亲河，发源于戴云山脉，从深山幽谷而来，至兴化湾出海，流域面积1732km^2。远古时期，流域下游的兴化平原为一片汪洋，莆田先民为了拓展生存空间，进行人工围垦，在千年的历史长河中，兴化平原面积不断增加，海岸线不断向海外扩，至北宋“木兰陂成，蒲成乐土”，大面积兴建圩田，兴化平原陆域空间发生剧烈变化，生动演绎了“沧海变桑田”的历史变迁。

探索高校在依靠课堂教学主渠道向学生讲明习近平生态文明思想的理论逻辑和时代意义，更要通过一系列实习实践活动让学生进一步学深悟透。而大学生社会实践活动是高校思想政治教育的“主渠道”，学生认识、了解和服务社会的“大课堂”。湄洲湾职业技术学院（简称湄职院）“三色河小禹”生态文明实践，成为做好学生思想政治教育工作的重要抓手，以及落实立德树人的重要环节。

二、主要做法

（一）打造延续性队伍，壮大志愿服务行动力

湄职院于2017年积极响应共青团福建省委号召，陆续开展“河小禹”专项实践，以湄职院化学工程系为主体于2019年正式成立“河小禹”文明实践志愿队伍。成立以来，湄职院“河小禹”打造“专班队伍＋招募志愿者”的实践队模式，先后组织系列实践活动62场，学生队伍从2017年的30人壮大到2023年的420人，学生参与总量超过1000人次。

在项目传承与创新上，湄职院“河小禹”实践队积极探索新型实践活动方式，立足“绿色”河小禹，坚守环保本色和初心，在此基础上衍生“红色”河小禹，走进东圳水库、木兰陂等红色河湖教育基地，探访红色历史，开展红色社会实践，汲取红色力量，并拓展“橙色河小禹”，将“河小禹”精神和行动传播到中小学课堂，融入劳动教育，以暖心志愿见橙色希望，扩展实践育人方式与渠道。借助项目本身的长期性与延续性，构建“三色”体系，形成特色鲜明、传承创新的“河小禹”高职样本队伍。

（二）建设合作性平台，提升社会实践专业力

讲融合、双驱动是湄职院“河小禹”以专业促实践、以实践练专业的一大创新。团队以“教育引导，弘扬志愿精神”为出发点，以“实践育人，练就过硬本领”为落脚点，在通过主题党日活动、团支部组织生活会、主题班会等进行志愿服务意识思想教育的同时，建设两大合作平台：一是与涵江区大学生志愿服务基地共建校地合作，共享资源，共谋

"三色河小禹"队伍联合涵江区双亭小学开展环保"第二课堂"实践活动
(图片来源:湄洲湾职业技术学院)

发展;二是与环保企业搭建校企平台,学习实践,反哺课堂教学,提升文明实践专业能力,切实通过专业知识服务志愿,达到专业和志愿相融相辅的效果。

(三)完善"三化"实践体系,凝练实践服务核心力

炼"三化"、聚核心是湄职院"河小禹"在长期项目建设中打磨出的原创特色志愿体系。一是志愿服务制度化。以党建带团建,以团建促融合,按照"党支部示范带动+分团委跟进联动+学生全面分散行动"的"三动"模式管理队伍,配备专业师生团队,完善管理、招募、激励制度,提供充足的经费保障,保证专项行动顺利开展、有序推进。二是志愿活动社会化。深入村镇基层,不间断开展生态保护宣传、守护碧水净滩行动等实践项目,助力乡村生态文明建设。三是志愿活动专业化。紧紧结合专业知识,开展水资源调查、田间调查、水质监测等系列专业实践,活动过程形成视频、图片等数百份资料,为木兰溪区域河段水环境调查研究提供数据支持。

(四)联动宣传性平台,扩大实践活动效果影响力

重宣传、扩影响是湄职院"河小禹"推出去、传出去的重要举措。自项目开展以来,实践队积极运用融媒体的互动性、创新性,进行河小禹“志愿+”宣传，指导学生进行视频制作、文章撰写、图片收集。在多平台进行记录式报道、短视频、直播等，共发出报道128篇，被中国网、中国大学生在线、东南网、福建日报、福建学联、湄洲日报、莆田市电视台等权威平台报道，校内宣传量覆盖人数超1万人，校外媒体转载宣传覆盖人数超5万人，产生良好的舆论效果，与荔城区委开展的生态研学、与涵江区团委联合开展的“绿动大讲堂”、参与莆田市河长制办公室开展的“网络河长”等志愿服务项目，带动更多人加入实践者服务队伍中。团队项目曾获福建省第三届“母亲河奖”绿色团队奖、绿色卫士奖，福建省大专生“三下乡”社会实践优秀团队奖，莆田市第一届文明志愿服务大赛金奖等，师生三人获聘福建省“校园河长”。

（五）开展常态化活动，增强实践育人行动持久力

常态化、抓持久是湄职院“河小禹”精神与行动的生命力所在。在“河小禹”项目中做到“久久为功”，正是对习近平生态文明思想的切身践行。团队紧紧抓住“引进来、走出去”的服务理念，扎实开展五项常规活动，包括加强理论学习、巡回宣讲生态文明、进行水质监测、植树护林、净摊巡河护河等。队员通过定期深入学习党的二十大精神、习近平生态文明思想等，在党团活动中进行垃圾分类、回收利用，走出校园则沿着木兰溪河道、东圳水库、湄洲岛、白塘湖等海域河流开展植树护林、净滩巡河护河等行动，足迹遍布木兰溪流淌的大美莆田。

“河小禹”实践队于白塘湖开展水质检测项目

（图片来源：湄洲湾职业技术学院）

三、经验启示

（一）契合需求，实现高校与社会双赢

实践育人活动本身应该具有服务与学习的双重属性，且要使两者之间取得内在的平衡，使高校与社会双方需求同时得以满足、实现双向共赢。高校进行生态文明教育的理论教学，要通过社会实践的方式落地落实。湄职院倚靠莆田木兰溪区域特色，找准社会需求，对活动进行精心设计，达到育人与服务的合二为一。同时，湄职院健全机制，整合了校内外的育人资源，实现了高校、政府、实践单位的多方联动，多方力量得以在科学有效的框架内聚合，从而促进了育人体系的良性运行。

（二）贯通情感，彰显社会实践育人体系的意义与价值共识

就高校社会实践育人体系而言，学生、教师、社会公众与相关部门通过共同的活动系统参与其中，学生在其中所呈现的学习样态不同于课堂教学，是一种同客观世界的对话。“河小禹”队伍从绿色出发，衍生出的“红色河小禹”，就是从莆田木兰溪流域的历史文化入手，紧紧抓住生态文明发展的红色血脉，筑牢理论根基，贯通情感，组织引领学生深入基层，深入实践，不忘初心，牢记使命，在社会实践中受教育、长才干、作贡献，让学生真正体会到其内涵。

（三）长效辐射，助力清新福建、大美莆田的建设

湄职院“三色河小禹”社会实践队，始终牢记习近平总书记“变害为利、造福人民”的嘱托，通过实践项目培养了一批又一批有志愿精神、有动手能力的学生，在实践育人的同时，也带动更多群众参与到保护母亲河行动中去。活动的多样性、服务的多元性、时间的长效性，让这支八年的队伍为持续性行动打造人与自然和谐共生的幸福木兰溪、建设文明莆田做出了积极贡献。

第八章　基层管护

河道专管员队伍建设仙游实践

【摘　要】 为深入贯彻习近平总书记治理木兰溪的重要理念，坚持绿色发展，全面推进木兰溪全流域系统治理，实现从“水患之河”到“安全之河”的华丽转身，继而向“生态之河”挺进，成为推动仙游县经济腾飞的“发展之河”，仙游县河湖长制工作在县委、县政府的直接领导下，在省、市河长制办公室精心指导下，认真按照河长制办工作部署要求，持续探索打造生态文明建设的木兰溪样本。2018年，仙游县首次组成一支河道专管员队伍，为强化日常巡河管河护河打下牢固基础。2019年，为提高河道专管员巡河效率和巡河质量，仙游县根据综合情况，率先启动河道专管员队伍规范化建设试点工作，对现有的河道专管员队伍进行重新整合，优化队伍的年龄结构和知识结构，为新队伍配备无人机及新能源汽车，进一步实现队伍向专业化、职业化、机动化、智能化的转变。

【关键词】 河长制湖长制　河道专管员　队伍规范化建设试点

【引　言】 党的十八大以来，以习近平同志为核心的党中央高度重视生态文明建设，要求做好河湖管理保护工作。2016年11月28日，中共中央办公厅、国务院办公厅联合印发《关于全面推行河长制的意见》，对全面推行河长制作出总体部署。全面推行河长制，目的是解决过去河道水环境问题多、反复治、集中治等问题，改变集中式、运动式治理历史，形成一河一策、每条河有人管有人治的常态化管理。通过深化治理机制的改革创新，河长制最大程度整合了各级党委、政府的力量，这种“系在一根绳上”的治水生态链，使治水网络密而不漏，极大提高了水环境治理的行政效能，成为河湖水系治理的有效抓手，成功破解了河湖水系治理的困局。

一、背景情况

仙游县位于木兰溪、延寿溪的中上游，是莆田市的“后花园”。境内溪流纵横，河网密布，全县镇级以上河道全长536.04km（市级89.3km、县级河道257.5km、镇级河道189.24km），其中市级河道3条（木兰溪、延寿溪、萩芦溪)、县级河道10条(仙水溪、大济溪、枫慈溪、龙华溪、粗溪、九溪、柴桥头溪、沧溪、苦溪、院里溪)、乡镇级河道20条。

自2017年3月开展河长制工作以来，仙游县河长制工作在县委、县政府的直接领导下，在省、市河长制办公室精心指导下，有序有效地推进、完善。为促进基层河湖长制工作全面开展，进一步提升全县河流管护水平，仙游县聘用了一批河道专管员，他们身着蓝色统一制服，定期在各自河流管护区域巡逻巡查，发现河道垃圾立整立改，发现潜在破坏河道水环境事件立即上报上级河长制办公室，边巡河边宣传，既强化了河流日常管护，也成为木兰溪全流域系统治理道路上的一道蓝色风景线。

二、主要做法

(一) 配备“新力量”

2018年1月31日，仙游县出台了《仙游县河道专管员管护长效机制(试行)的通知》(仙政办〔2018〕8号)，明确河道专管员的工资待遇、选聘管理、巡查履职和相关工作制度，向社会招聘河道专管员。

按照“村聘、镇管、县统筹”的管理模式，首支由322名人员组成的河道专管员队伍成立了。这支队伍分散全县各个大小河流，身着统一服饰，定期巡护河道，向周边群众宣传河湖管护理念，同时结合线上巡河移动客户端，实现巡河信息线上线下双向流动，做到管护全覆盖、无死角。

(二) 改革“强队伍”

为进一步提高河道专管员巡河效率和巡河质量，实现河道“无杂物漂浮、无违章建筑、无护岸坍塌、无污水直排、无乱采乱倒、无乱垦乱栽”的“六无”管护目标，2019年，仙游县开展河道专管员队伍规范化建设试点工作，在大济镇启动河道管护专业化试点，按照责任落实到位、物资保障到位、示范引领到位、巡查处置到位、督查考核到位，对现有的河道专管员队伍进行重新整合，优化队伍的年龄结构和知识结构，并给每支队伍配备无人机及新能源汽车，让巡河方式由线上巡查变为面上巡查，真正做到巡查全流域、全方位，进一步实现队伍向专业化、职业化、机动化、智能化的转变。

（三）探索“新道路”

立足流域面积广、县级以上河道多等特点，仙游县将治水触角延伸到细枝末梢，将“大济模式”向全县推广，由乡镇（街道）河长制办公室负责指导管理，实行“集中办公、落实待遇、规范运作、严格考核”的管理模式，协助各级河长，负责日常巡查。

随着试点乡镇河道专管员队伍规范化建设工作的开展，部分乡镇由观望转化到自主改革，结合本地区实际，对河道专管员队伍进行重新整合。试点工作的有效推进，正在推动着仙游县全流域规范化改革，给予乡镇在实践过程中探索出“新道路”。

试点工作开展以来，木兰溪流域大济等 12 个乡镇已完成河道专管员队伍规范化试点建设工作，共配备了 12 台无人机、9 辆新能源汽车，全县河道专管员队伍人员由原来的 322 名精减至 119 名。新的河道专管员队伍融入了青春血液和科技装备，让日常河道管护工作更规范更全面。

榜头镇河道专管员利用无人机开展智能化巡河

（黄晓凌　摄）

（四）助推“科技化”

自 2019 年河长综合管理平台推行以来，仙游县河长制办公室多次派出业务人员分赴 18 个乡镇开展河道专管员培训工作，逐场与乡镇河长制办公室对接河长综合管理平台，面对面为全县河道专管员进行巡河移动客户端培训答疑，并完成上岗操作考核。通过巡河移动客户端，各级河长能实时掌握河道专管员巡河时间、轨迹，第一时间接收并落实解决涉河问题，用科技力量推动基层巡河实时化、高效化、便捷化。目前，仙游县 18 个乡镇共 119 名河道专管员均已在该系统注册，并通过智能手机端实现了在线巡河、即时报送等功能，发现问题可以拍照记录，解决不了的问题可以向上报告，巡河结束后进行打卡，有力推动基层河长制务实、协调、高效运转。

此外，还在榜头镇试点“电子眼”沿线站岗，实时监控河道，及时追踪河道乱排乱放等污染水质现象；开展无人机巡河，通过航拍对畜禽污染源隐蔽或人员无法到达的地方进行拍摄巡查。

河道专管员队伍正在培训无人机飞手（李娟　摄）

（五）巡河“专业化”

仙游县着力推进河道专管员队伍工作管理机制改革，在往年河道专管员队伍规范化管理机制试点改革工作基础上，坚持规范管理，实现巡河管河“专业化”。河道巡查由半天巡变为全天巡，并给每支队伍配齐“三个一”：一辆新能源汽车，每支队伍利用新能源汽车，配备相应打捞工具，及时快速打捞河道垃圾及水葫芦，提升巡河效率；一架无人机，全县共配备了 12 架无人机，每支队伍培训无人机飞手，运用科技助力巡河，加宽加深日常巡河范围；一份水质预警单，紧盯断面水质情况，以问题导向，督促强化日常巡河力度。

仙游县河道专管员队伍配备新能源汽车（李娟　摄）

三、经验启示

在实际工作中，河湖管理保护应与城市发展、生态保护相结合，因地制宜、因河施策，在实际工作中，既要强调规划约束，又要做到具体问题具体分析，系统推进河湖保护、水生态环境整体改善和社会经济发展。河道专管员队伍建设改革需要创新，更要立足实际，因地制宜，循序渐进，不搞“一刀切”。仙游县共有18个乡镇，分散在平原和山区，为激发河道专管员队伍内在发展动力，仙游县充分结合山区平原不同河道类型，在人员配备方面分类指导队伍规范化建设，全县河道专管员队伍由322名优化至119名。

针对山区河网少的特点，精简河道专管员人数。如社硎乡、书峰乡、西苑乡等偏远乡镇，河道专管员队伍人数每个乡平均不到5人，投入移动客户端、无人机等巡河护河新科技力量，充分发挥日常管护基本作用。

针对平原地区人口多、河网密布的特点，因地制宜，充分发挥专管员队伍的社会效益。如鲤城街道、鲤南镇、大济镇、盖尾镇、赖店镇等乡镇，每个乡镇队伍力量保持在6人以上，通过明确职责分工，既能精简队伍，也保证了一定的巡查力量。

针对部分平原地区人口多、河网密布，且污染源较隐蔽的乡镇，在规范化队伍建设过程中考虑到对人员的需求，保持队伍力量不变。如榜头镇，木雕工艺品行业发达，行业废水排放规范较为复杂，部分卫星地图无法发现的隐蔽污染源，需要人工巡查才能找出。因此，榜头镇保留队伍力量，既能增强河道专管员们的巡查力度和广度，也能在开展河道整治工作时，起到一定的威慑作用，减少违法群众阻挠。

河道专管员涵江模式

【摘　要】涵江区水系发达，河网密集。全面推进河湖长制工作以来，涵江区探索河道专管员创新管理，通过“统筹岗位、重新招聘、培训提高、创新巡河、规范处置”等办法，着力打造有热心、怀耐心、能担责、专职化、常态化、规范化的一线巡河队伍，较好地发挥河湖巡查信息员、问题吹哨监督员、爱河宣传劝导员的作用，为河湖长效管护奠定坚实基础。河道专管员开展责任巡河、错峰巡河、交叉巡河、专项巡河等多元巡河，切实做到问题发现在一线、解决在基层。

【关键词】河道专管员　优化队伍　多元巡河

【引　言】涵江区近几年来探索实践改革河道专管员队伍，该举措在涵江区河湖管护成绩单上成为有效“加分项”。河道专管员成为河湖管护“最前哨”，是落实全面河湖长制工作的“第一线”。本案例介绍涵江区在工作中重抓改革、强化管理、创新方法、落实整改等方面的具体工作举措和经验启示，彰显涵江区在河湖长制工作中积极创新摸索取得的丰硕成果。

一、背景情况

涵江区水系发达，境内的木兰溪、延寿溪、萩芦溪干流总长达65.8km，流域总面积551.12km^2，河网密集交错，河湖管护工作复杂。

为切实有效地推进河湖长制工作，精细化、全面化巡河护河，2020年以来，涵江区深入贯彻习近平总书记治理木兰溪的重要理念，按照市委、市政府部署要求，以“河畅、水清、岸绿、景美、人和”为目标，创新河湖管护机制，探索河道专管员管理新模式，打造有热心、怀耐心、懂专业、能担责、常态化的巡河队伍，为提高全市河道专管员巡河实效提供生动范本。推进涵江区幸福河湖建设和巩固提升生态文明建设的木兰溪样本提供重要保障。2023年，河道专管员共发现三大流域河湖问题4991个，整改率100％。较好发挥了河湖问题一线“吹哨人”作用，切实有效提高了巡河效率和质量。2020年以来，涵江区外度水库等重点地表饮用水源地水质状况均达到Ⅲ类以上，达标率100%。

二、主要做法和取得成效

（一）突出“一线”改革，优化队伍设置

1. 双河长强推进

涵江区党政双河长在推进河长制落实巡河工作中，充分认识到河道专管员是深化河长制的末端终稍、河湖的一线守护者。为此，区河长对河道专管员招聘、培训提出明确要求，对专管员队伍改革方案进行专题研究。

2. 创新机制强履职

针对“村荐、镇管、区聘”办法过于传统，以及管理方式不一，考评机制不完善，巡河流于形式、质量不高等问题，进一步整合队伍、落实奖惩、强化督导。一是优化聘用机制。出台河道专管员队伍改革试点实施方案，委托派遣公司统一选聘专管员。2023年，涵江区按照公开、平等、竞争、择优原则，面向社会招聘50岁以下高中以上学历河道专管员50人，实现队伍年轻化、向高学历普及。二是严格考评考核。建立长效督查考核机制，采取红、黄、蓝三牌警告督查管理办法，考核河道专管员履职情况。区、镇河长制办公室共同做好河道专管员日常考核工作，重点考核河道巡查到位情况和问题，及时发现、处理、提交、报告、跟踪解决到位“五步走”情况及巡查日志记录情况。三是建立监督机制。实行区河长制办公室与驻乡镇（街道）条块双重监督管理。区河长制办公室对其日常巡河、问题报告及处置情况进行监管，各乡镇河长制办公室负责驻镇河道专管员考勤管理。同时创新采用巡河移动客户端等信息化平台监管日常巡河情况，通过省、市级督查考核，区级检查、抽查，镇级检查、巡查，村级监督、举报等手段实现全方位监督。

（二）落实“一线”管理，强化工作职责

1. 定期组织培训，强化履职“明责”

新招聘河道专管员自2020年8月上任以来，区河长制办公室先后举办十余次培训会、座谈会、履职报告会、巡河交流会、专项巡河部署会

等，通过学习河长制规定、专管员管理办法、巡河移动客户端应用等，规范巡河及问题处置流程，通报、交流巡河工作情况，进一步明确专管员工作职责、提高业务素质。

专管员培训会（郭艳佳　摄）

2. 条块结合，上下联动“强责”

实行区河长制办公室与驻乡镇（街道）条块结合、双重管理。区河长制办公室制定专管员管理、培训、考评制度，对其日常巡河、问题报告和处置情况进行监管；驻乡镇（街道）合理划定专管员责任河段，做好考勤管理，为其开展工作创造条件。创新使用巡河移动客户端、微信工作群，通过平台与手机互联、区镇河长工作群互通，开启“掌上巡河”新模式，实时记录专管员日常巡河日志。区、镇河长制办公室对专管员巡河专人监管、不定期督查和定期考评办法，督促其履行巡河及问题处置职责。

3. 合理人员配置，完善设施设备

立足河湖实际，按照河流长度、任务轻重合理配置河道专管员，覆盖该区木兰溪、萩芦溪、龙江溪三大流域 182 个村（社区）。结合城区、集镇、山区、沿海河道实际，对辖区内河道开展常态化多元化巡河工作，确保河流巡查无漏洞、无盲区。

4. 专设巡河经费，保障福利待遇

进一步提高河道专管员的工资待遇，做到报酬与工作匹配，并将河道专管员的劳务报酬、绩效工资、培训经费、日常巡查设备购置经费列入每年度政府财政预算予以保障，把是否落实河道专管员待遇列入各级政府河长制工作的年度考核范围，确保及时落实到位。

（三）创新“一线”方法，开展多元巡河

1. 责任巡河，多种形式全覆盖

立足河湖实际，按照河流长度、任务轻重合理配置巡河责任区域，河道专管员覆盖涵江区木兰溪、萩芦溪、龙江溪三大流域182个村社区，确保河流巡查无漏洞、无盲区。同时，结合城区、集镇、山区、沿海河道实际，通过徒步巡河、自行车巡河、摩托车巡河、无人机巡河等方式，开展多元化巡河，对辖区内河道开展常态化巡河，实地查看河道左右岸、上下游情况。

水上保洁（郑炜　摄）

2. 错峰巡河，突出重点全跟踪

按照“水质论英雄”的工作要求，采取错峰巡河方式，引导河道专管员对责任河段沿河用水大户、排污口等污水偷排漏排问题进行监督，有效发现并制止个别用水大户和排水口污水偷排漏排入河问题，确保打

赢水质攻坚战。2023 年，共发现入河排污口 63 个，并落实纳管、截污、封堵等治理措施。

3. 联合巡河，互督互促全上报

通过建立跨乡镇河道专管员交叉巡河机制，采用交叉巡查的工作方式，让河道专管员直观比对，扬长避短，有力推动河长制工作持续深入开展。2020 年 11 月中旬木兰溪流域巡察整改评估期间，开展为期 2 天的联合巡河，共发现木兰溪河湖问题 260 个，并立即督促整改，切实落实木兰溪流域巡河全覆盖、问题全排查、整改全跟踪。2022 年第二季度在平原 7 个镇街开展交叉巡河专项行动，在为期三个月的行动中，推动 930 个涉河问题的规范整治，增强了河道专管员之间的业务交流，打破巡河思维惯性，增强了履职自觉性，消除巡河盲区，助力全域河湖面貌的逐步改善。

4. 专项巡河，部门链接全整治

严格落实专项整治要求，持续推进“八巡八查”，先后开展河道保洁、污染源头、黑臭异味、工业排放、涉水违建、“二牌一桩”、网箱养鱼、污泥淤积等专项巡河行动，采取问题专巡专报的办法，强化专项监管，有效推进相关职能部门开展专项整治，取得实效。

（四）落实“一线”整改，推动问题整治

针对巡河问题整改较慢，存在拖延现象，无法实现事情处理闭环化的问题，进一步压缩时效，做好流转，即时整改治理。

1. 即时上报记录

河道专管员巡河实行“日报告、周汇总、月通报”制度，发现问题第一时间将位置、类型、图片等信息报河长制办公室微信工作群，及时交办相关责任人落实整改；同时，河道专管员把巡河问题录入移动客户端，实时跟踪问题整改进展情况，真正做到河湖问题早发现早上报早整改。

2. 即时流转督办

严格落实“督办通知单＋督办预警单＋督办建议单”的“三单”管理工作制度，河道专管员发现河道问题及时交办基层河长，并限期整改反馈，逐一销单销号，实现问题整改闭环管理。2024 年第一季度，全区共排查河湖问题1313个，全部完成整改。

3. 即时整改销号

落实“巡河全覆盖、问题全排查、整改过程全跟踪”的“三全”机制，线上线下联合治水，对河道专管员巡查发现的问题由各责任单位互相配合，共同治理。2024年第一季度，河道专管员共发现并督促整改木兰溪、萩芦溪、龙江溪三大流域涉河问题310个，已整改到位266个，整改率86%，真正发挥了河湖问题一线“吹哨人”作用。

三、经验启示

（1）队伍不断优化，管理职业化。在河道专管员改革过程中，要持续提高河道专管员对河湖长制工作的认识，增强整体凝聚力、战斗力，切实增强推行“河长制”、落实河道巡查工作的责任感和紧迫感，落实河道日常巡查制度，对辖区内的河道要形成封闭“巡河链”。

（2）明确工作职责，流程规范化。河湖专管员要重视河湖问题问题整改，明确上级督办问题的整改任务、目标和时间节点，确保流域问题整改到位，河道专管员在巡河中发现的问题，要及时向街道河长制办公室汇报。结合巡河移动客户端，及时上报信息，并做好资料、照片收集管理。要做好河道保洁宣传工作，积极引导广大居民群众自觉维护河道良好生态环境。

本书得到福建省水利科技项目（MSK202403、MSK202404）课题组的支持。

封面摄影：蔡昊